東京 都市化と水制度の解釈学

都市と水道における開発・技術・アイディアの政治

中庭 光彦

はじめに

水制度の自明性

　「21世紀は水の世紀」と言われる程、水問題はグローバルな水資源不足問題となっている。水資源不足は、食糧とエネルギー不足問題としても認識されており、地球上の水と人口爆発は密接に関連している。しかし、一方で、「日本は水が豊かな国」と認識している日本人も多いのではないだろうか。

　『東京都水道局平成28年度生活用水実態調査』によると、世帯人員別の1か月当たりの平均使用水量は、世帯人員一人の場合、8.2m³、3人の場合20.4m³となっている。1m³は1,000リットルなので、一人暮らしの場合、平均して1か月当たり1リットルビン8,200本分の水を消費していることになり、1日に換算すると約265リットルとなる。

　トイレで1回水を流すと約6リットル消費する。水回り機器トップメーカーであるTOTO（株）の自社ホームページには1976年（昭和51）当時1回当たり約13リットル消費していたトイレが、世界各国の洗浄水量規制に合わせたためか2009年（平成21）には4.8リットルにまで減少させた商品も見受けられる[1]。これで3人が朝晩1回水を流すと、78リットルの勘定である。

　2005年（平成17）にオランダ・ハーグの水道局担当者と話をしていた時に、ハーグ市民の1日当たり水消費量を質問したことがある。「約150リットル」という答えだった。私は驚いて「東京は約250リットルだ」と答えると、「いったい、おまえの国はなぜそんなに水を使っているのだ」と逆に驚かれた記憶がある。日本の水消費量が多い一つの要因は風呂にある。シャワーを3分間流しっぱなしにすると約36リットル消費する（東京都水道局HP）が、これを家庭用の風呂桶に6割程湯を貯めると約160リットルとなる。ヨーロッパではシャワーだけで済ます人は一般的だし、

1　TOTOホームページ（https://jp.toto.com/）

3

日本でも最近はシャワーだけで暮らす学生も多いと聞くが、やはり風呂桶に浸かる人が多い。ちなみに、風呂桶に浸かる文化が生まれたのは上水道が普及してからだし、昭和40年代には風呂桶の無いアパートもかなり有り、銭湯が繁盛していた。

風呂の水にトイレ、洗面、食事といった水を足すと、結局265リットル程度になる。

世界中でこれ程の淡水を不自由なく使え、しかも蛇口の水がそのまま飲める日本は、世界の中でも大変に恵まれている。このことは海外の水道水を飲んで苦労した経験がある人には身にしみてわかることだろう。

それにも拘わらず、多くの人がこうした恵みを当たり前と思っている節がある。その上、水道水の百倍以上の価格でボトルウォーターが購入されている生活を、不思議とも思わない。

地方に行けば山には森林もあるし、少なくなったとはいえ水田もある。もちろん、川に行けばたっぷりと水が流れ、時には水害も起きる。江戸後期の国学者頼山陽が京都の東山と鴨川を愛でて「山紫水明」と称した風土が、現在でも日本の形容詞として使える程、水が豊かであると感じているのかもしれない。

しかし、それは事実とは異なる。特に東京では。

いま東京で「豊かとも思える水」を住民が享受できているのは、それを可能にする上下水道、河川の社会基盤が、爆発的な人口増加に対応してきた結果である。生活用水は河川の上流や中流で取水され、その水が浄水され、給配水され蛇口に届く。排水は下水で管渠を経て、最終処分場で処理され放流される。このシステムが特に下水道の普及と共に機能するようになったのは昭和40年代以降のことになる。この結果、河川の水はきれいになったが、例えば多摩川中流部を流れる水の約半分は、多摩地域流域下水道の処理水となっている。

「川に流れているのはきれいで自然な水」のように見えるが、都市においては「ある程度きれいで、人工的に処理された水」となっているのだが、両者は見分けがつかない。いつの頃からか、河川と排水の境界、自然

の水と人工的な水、そしてエコシステムと人工システムの境界が曖昧に
なっているとも言える。現在の都市水循環は、曖昧、言い換えれば複雑な
システムの上に成立している。

　ここに至る経緯には、水利・治水に対する制度変化の積み重ねがある。
各局面の変化には、何を問題と捉え、何を開発利益と捉えるか、そうした
変更をもたらすに至る多様なアクターによるアイディアが背景にある。

　東京の水の自明性は、制度変化の累積の結果である。

　本書では、その自明性を壊し将来のアイディアにつなげることを念頭に
置き、東京における上下水道開発における制度変更のアイディアの歴史を
解釈史として構成することを第1の目的にしている。これを縦糸と捉え
るならば、横糸は累積的な都市化システムの背景にある開発思想－アイ
ディアを描くことにある。そして、縦糸と横糸を編み「水と都市化」のア
イディアの解釈学を示すことが本書の目的である。

　したがって、本書は上水道史、下水道史をはじめとした政策史の記述と
なっているが、新たな事実の発見ではなく、既存資料を組み合わせ新たな
文脈・解釈の仮説構築に注力している。

本書の構成

　本書では、東京における水を対象に、制度変化が試みられた事例を取り
あげる。制度変化における技術、アイディアという要素がどのように関係
し合い、新たな体制（レジーム）を生んだり、新たな自明性が生まれるの
か、制度変化について検討を試みる。

　そこで、本書では以下の構成をとる。

　第1章では、本書で採用するアプローチについて説明する。特に、公
共政策における新制度論と、近年注目されている制度変化における「アイ
ディアの政治論」について検討を行う。

　第2章では東京の改良水道創設時に、下水道が後回しにされた経緯に
ついて検討する。財政制約がある中で、当時の特にコレラを中心とした衛
生概念、地主層や内務省と結びついていた消防、地主層にとっての汚物の

意味を関連させ、この制度変化について説明する。

　第3章では、1910年代から高度成長期に至る東京の拡大、特に旧東京市15区時代から大東京市35区時代への郊外化拡大に向けた東京市水道拡張の動きを描く。小河内ダム事業を縦軸に、河川・水道・発電水利・農業用水の関係の変動を描く。

　第4章では、多摩地域水道都営一元化という制度変更を題材に、住宅、水道、革新都政のミクロな関係を描き、郊外化の意味について検討を行う。

　第5章では、かつて水都と呼ばれた東京が都市改造によりいかに脱・水都化していったかを紹介する。この時代は河川・下水道・都市開発の関係が新たな段階に入ると共に、公害が深刻化する時代である。その背景には、一見関係の無い制度の複合が見られた。そして、それが現在の都市再生にまでつながっている様態を描く。

　第6章では、総合治水の意味について、オーラル・ヒストリー、口述資料を利用し検討を行う。

　第7章は、本書のまとめとなるが、自明化した制度の制度変更を行う方法について考えてみたい。

　補章では、あえて評論という形で、一般の読者向けに水文化エッセイを収めた。

　以上の構成でわかる通り、本書は水の政治史でもないし、水行政史でもない。「都市化と水制度の解釈学」である。と同時に、現在の関心から歴史を読み直し再解釈を行う「史論」の方法を意識している。

　本書をもとに、現代東京の水開発の自明性に疑問を抱いていただければ、本書の目的は達せられたことになる。

目　次

第 **1** 章

アイディアによる制度変化論

第 1 節　新制度論による説明

　政策過程を理解する上で、制度変化研究は重要な領域であり、経済学や政治学を横断する新制度論も主要なアプローチ方法として定着している。

　なぜ制度は変化するのか。あるいは、しないのか。この問題について、旧制度論では、政治家や官僚が政治的な理由でフォーマルな法を変更するから、という循環論法で済ませるか、市場のパフォーマンスが外部の制度により変化するという、市場の外部性に求めていた。

　それに対して、新制度論の多くの論者は、制度・アクター・成果を分け、アクターによる一定の合理的選択（合理性の意味・度合いについては論者によって異なる）を前提に、制度がアクターの行動に独立変数として影響を与える、あるいはアクターや成果が、従属変数としての制度に影響を与えるという、制度そのものをアクターの行為の中で設計する方向に転換していった。合理的選択論、歴史的制度論等、新制度論にはバリエーションがあるものの、次の3点は一定の研究者に共通していると考えている。

　第1は多元的なアクターの存在である。多元的なアクターとアクターの背景にある制度変化を考える志向性である。ここから、制度変化におけるアクターの特定は重要な作業となる。

　第2に、合理的選択論である。アクターはどのような水準であれ、「一定の」合理的意思決定を行うと仮定する立場である。選択基準を確実な利益という狭い範囲にとる者もいれば、不確実な幸福といった幅広い範囲にとる者もいるかもしれない。どの範囲にせよ、アクターにとって合理的選択であることに、変わりはない。この意思決定の合理性が、現代への教訓を示唆し、一定の説明の妥当性を獲得できる前提となる。したがって、アクターが「どのような解釈を行い、合理的と感じたか、あるいは利益とみなしたか」を読み解く作業は非常に重要である。

　第3に、「制度は社会におけるゲームのルール」というノースの解釈で

ある[1]。ノースの制度論は中立的でわかりやすいが、それ故に操作性に乏しくなる。政治学における「正統性（legitimacy）をもつ拘束力」という古典的な表現に近くなるかもしれず、本書では後者のニュアンスで用いることとする。

　新制度論に依拠する政策研究者は、多元性、合理的選択、ルールとしての制度という、制度の三つの側面を、程度の差はあれ、共有していると言えるだろう。この視点に従えば、多元的なアクターの利害関係の調整や、紛争回避、新たなルール形成等の現象を、ルール変化とアクターの社会的選択により説明するスタイルが成立する。

　こうした説明スタイルに、不確実な状況を持ちこんだ一例が、キングダンの「政策の窓（policy window）」モデルである。キングダンはアジェンダセッティングにおいて「問題の流れ」、「政策の流れ」、「政治の流れ」という三つの流れが独立して流れており、ある時点でそれらが合流する。これを、「政策の窓が開く」と表現し、予期できない政策の実現性、すなわち選択機会が増すと説いた[2]。これは、選択機会が訪れるタイミングの順序、即ち歴史性が前提にあり、選択機会がコントロールできるものではないことを意味している。ならば、流れの中での選択機会がどのような時間的経緯と、アクターのアイディアの構図の中で生まれるのか検討することは、大きな意義をもつこととなる。

第 2 節　水管理のアクターとは

　アクターは、制度を前提にしつつ、自分にとっての問題やそれを解決することによって得られる利益を、アイディアをもって解釈し、戦略的に行動する。何が自分にとって有益な選択肢となるかは、アクター自身の持つ

1　ノース, ダグラス.C（1994）p.3
2　キングダンはコーヘンのゴミ箱モデルを援用している。

アイディアで解釈することになる。

　本書では水道と河川を中心に扱うが、水道と河川のアクターにはどのような人々がいるのだろうか。水道事業者や治水事業者はもちろんだが、河川から取水した農業用水を利用する農業従事者や、雨水や汚水を排除する下水道の従事者、さらには水力発電の電力業従事者、工業用水の従事者、他にもミネラルウォーター採水事業者や、温泉や井戸等の地下水を利用する事業者がすぐに思い浮かぶ。他にも、いつも蛇口から水を飲む人々、ペットボトルを飲む人々、トイレを利用する人々、風呂を浴びる人々、洗濯をする人々はどうか。こうした人々は水の最終利用者と言えるが、現在では排水を産出する人びとという水循環のアクターでもある。さらに、水辺の土地の空間価値に敏感なアクターかもしれない。化学産業は非常に大量の水を使うが、それを使って生産された肥料を用いた食料を購入している消費者は、やはり水循環のアクターと言える。このように直接・間接の利水者を含めると、実に多くの水資源を巡るアクターが存在する。地球上で水のアクターでない人はいない。

第 3 節　制度とは

　制度という言葉も非常に曖昧に使われている。一般的には法律や規制のようなフォーマル・ルールを思い浮かべると思う。あるいは前述の通り、ゲームのルールという定義も広く用いられている。

　本書では、「アクターに共有され、拘束力のあるアイディア」という意味で使用する。

　「拘束力」には強弱と多様な様態がある。以下、いくつか例示してみたい。

　トランプゲームのルールも制度である。ゲームをしている時点で、プレイヤーはゲームというアイディアのルールに拘束されていることを、互いに共有している。

　住宅も制度である。住宅に住む中で、様々な暮らし方のマナーに従って住まう。一人住まいであれば住宅供給者とマナーを共有したと言えるし、複数で住めば同居者と共有する。同居者がいれば新たなマナーも生まれる。住宅、マナー、共有という要素がアイディアであり拘束力をもつ。

　消費行動も制度に基づいている。店で商品を買えば、対価を払うという交換行動がルールであることは間違いないし、これが贈与である場合は政治的交換ということで違う意味を持ってくる。どのような制度を利用するかは、アイディアによる。これらから当然、文化も制度と言えることはよくわかる。

　もちろん、法や規制も、課題解決アイディアが政治的手続きを経て強制力をもった制度となる。

　このように、制度とは「共有と拘束力をもったアイディア」であると作業定義を行う。

第 4 節　開発におけるアイディアとは何か

　では、アイディアとは何か。

　近年、公共政策における「アイディアの政治論」が注目されている。そのレビューは近藤（2007）等に詳しい[3]。Goldstein は「共有された信念（shared beliefs）」と定義しているように、集合的な概念である[4]。アイディア、言説（discourse）、知識、思想といろいろな用語が使われるが、本書では開発における将来の企画という意味を含ませるため、アイディアという言葉を使用する。

　では具体的に、アイディアはいかなるものか。ここでは「多摩ニュータウン開発」という開発アイディアを例にとって示してみたい。

3　近藤（2007）のレビューが非常に参考になる。
4　Goldstein（1993）p.11

人口32万人の団地群を東京近郊に造ろうという多摩ニュータウンのような巨大宅地開発例はそれまで存在しなかったという意味では、アイディアと呼べるし（課題を打開するアイディア）、実際に選択機会が開かれたアイディアであった。開発に相当する用地が必要であったが、1965年（昭和40）当時、政府は農業生産者の第2次・第3次産業労働者化を進めており、新地主の土地は取りまとめやすく、リーダーとなる旧地主達が地域振興を目的に土地集約に動いた（土地とりまとめのアイディア）。集合住宅建設、住宅工業化技術が必要だったが、当時は日本住宅公団が中心になり、戦前の同潤会住宅や住宅営団の技術を発展させ、住宅大量供給の仕様を決定し、参入する住宅建設、水回りメーカーが黎明期を迎えていた（住宅工業化アイディア）。住宅購入に必要な中間層向けの住宅金融も充実させた（住宅ローンアイディア）。戦前から京浜地域に工場立地を進めており、なおかつ、大量居住が次の先端的企業の立地を促進するとの期待から、南多摩地域が選ばれた（工場立地政策の文脈補完アイディア）。商業地開発の無かった日本住宅公団は、新住市街地開発法の下、拠点開発方式の枠組を応用し、後付けで業務機能を付与することになる。このシナリオは、全国総会開発計画の例があったからこそ、そのチャンスが可視化されたとも言えるだろう（都市・宅地開発技術）。このように、多摩ニュータウンアイディアの下には、最低でも五つのアイディアがあった。そして、そのアイディアは、それぞれ異なるアクターが支えていた。

　1965年（昭和40）の都市計画決定をはじめとする選択機会を経て、実際に多摩ニュータウンアイディアが実現し、そこに住民が入居する。従来とは異なるユニット化した間取りは家族の形に影響を及ぼし、戸の配置はコミュニティ形成に影響を及ぼした（家族・コミュニティに対するアイディアの変化、ライフスタイルの変化）。集合住宅の都市基盤整備は地元自治体の役割であったために、すぐに多摩市の行財政はパンク寸前となり、開発中止行為に訴えた（予期されていなかった行財政問題）。これを都からの補助金という行政技術により問題の処理を行った（行政技術による解決）。多摩ニュータウンは住宅団地という技術の結果であったが、それに合

わせた生活と支援を、入居者も自治体も迫られた（技術による拘束）。新住宅市街地開発法の下では、商業施設の自由な参入はできないため、変化のスピードが著しい流通業のニュータウン地域内への立地は遅れた。そして、車公害が社会問題化していた時期に設計された結果として、歩車分離方式のまちができあがった。子育て期の母親にはその方式の安全性が好評だったが、入居者が高齢化すると移動の障害とも受け取られた（技術による拘束）。しかし、開発後、半世紀以上が経ち、緑も充実し、入居者も第2世代、第3世代となり、人工的な環境が当たり前の環境となっていった（アイディアと技術への適合）。

　多摩ニュータウンのような大規模団地を造成する都市・住宅開発技術は、当面の人口増加の課題を革新的に解決してくれる手段と見なされ、当初は大きな期待をもって受容されていった。しかし、いずれは他の場所に住み替えるだろうと思われた入居者が、そのまま住み続け高齢化が進むと、多くの問題が現れニュータウンに対する見方が変わった（アイディアの解釈枠組の変化）。

　以上、多摩ニュータウン開発のような事例のように、課題解決の裏には実に多くのアイディアとアイディアを実現するための技術の存在がある。それは、そのまま多くのアクター（政策関係者、入居者、企業）の存在を示すものでもある。そして、アイディアは当初のアイディアが他のアイディアに修正され進化したり、他のアイディアと複合し、補完関係が働き、各アクターの利益がフィードバックし、「アイディアの集合」が、「アイディアのシステム」に転じた時、レジームと呼ばれる体制となり、持続するようになる。

　制度とはアクターに共有され、かつ拘束力のあるアイディアであると前述したが、その多くは技術と相関している。アイディアは技術を媒介に何らかの形となって可視化され、アクターを拘束する条件となる。

第 5 節　アイディアの機能

　東京都における水管理の歴史を、「水管理アイディアの政治」として見直す時、アイディアと技術はどのような機能を果たすのか。具体的な文脈の中で説明すべきものではあるが、6 つの機能が予測される。

① 価値提示機能

　問題・解決利益の文脈となる価値を明示する機能。理念を示すことで、それと関係する道具的なアイディアの方向性を示す。

② 問題定義機能

　単に問題を明言するだけではなく、輻輳する問題を、その時点で解決できそうなプロセスに則って定義する。そこから、アクターの存在を示すことができ、さらにはアクターの役割を配分することができる。

③ 枠組形成（フレーミング）・枠組転換機能

　問題の認識はアクターによって異なるし、アクター間のコミュニケーションにより異なる間主観的な現象である。ある認識を可能にする枠組（フレーム）を明確にしたり、フレームの意味を転換することで認識を変容することができる。選好形成の一つの手段と言える。

④ フォーカル・ポイント形成機能

　協力すればどのあたりで問題が収まるか、その場合の協力ルールといったシェリングの言うフォーカル・ポイントを示すことができる。

⑤ アクターの動員・分節化機能

　言説としてのアイディア、それを採用するアクターとの距離が明示されることで、アクター間の境界を示すことができる。また、結果としてアイ

ディアにより、動員できるアクターを示すことができる。

⑥ 技術思想の受容可能性を示す

　技術を採用する場合、単なる機能だけではなく、技術を利用可能にするために利用者が守らねばならないルール、さらにはそれを裏付ける思想を示すことになる。そこから、技術の受容可能性を示すことができる。

第 6 節　制度変化の意味

　ここまで制度、アイディアについて説明した。制度変化という用語を自明なものとして取り扱ってきたが、法律のようなフォーマルな制度の変更ならば可視化され、わかりやすいかもしれない。しかし、それが本当に変化なのかどうかは即時には判断できないかもしれない。

　上位の体制を変えないために、部分的な下位の制度変更を行うことは珍しくない。つまり、制度変更というのは、制度そのものが変わったのではなく、①アクター、②アイディア、③技術、④課題と便益、の関係の変化が、結果として制度変化に至ると考えた方が、より説得力を増すように思われる（図1）。

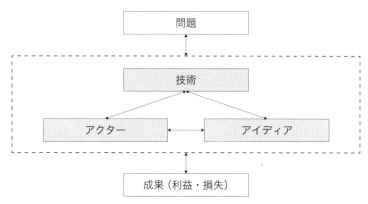

図 1　制度変化過程を構成する 4 要素

この中で、特に論点となるのは、以下の諸点である。

① いかにして、アイディアは共有されるのか。
② いかにして、アイディアは人びとを拘束する力をもつようになるのか。
③ いかにして、アイディア群はシステム化し「体制（レジーム）」になる
　か。
④ 技術はどのようなアイディアを生むか。
⑤ どのような技術アイディアが、続く技術を生むか。
⑥ アイディア・技術は、国土をどのように分節化していくか。

　以上の諸点をまずは念頭に置き、東京における水の管理アイディアの推
移を次章より記すこととする。

第 2 章

東京市における上水道の優先敷設

第 1 節　なぜ下水道ではなく上水道を優先したのか

　日本の近代水道整備がコレラ流行を背景に進められたことは、よく知られている。コッホによるコレラ菌の発見が 1883 年（明治 16）であるが、それはあくまでも「発見」であって、「治療法開発」ではなかった。当時はコレラだけではなく、チフス、赤痢、ジフテリアといった感染症の流行が何度も発生し、多数の死者も出ていた。そのような危機的な状況ではあったが、一方では上水道と下水道を同時に創設する財源が無かったため、まずは上水道敷設が優先された。これが現在に至る水道史の一般的な説明である。

　では、問題を次のように設定するとどうだろうか。

　近代上水道の敷設、即ち改良水道の敷設は、江戸時代の社会インフラであった玉川上水（1653 年・承応 2 竣工）の改良であって、その改良は衛生的で有圧な水を給水することが目的という点では、機能の置き換えに近いものだった。これは近代水道技術というアイディア、さらには「上水道を下水道よりも先行させる」というアイディアによる制度変化と言える。

　こうした制度変化が発生した裏には、どのようなアクターが存在し、技術導入を唱道したアイディア推進者は何に注目し、制度変化過程に関与したのか。実際の制度変化において、アクター達はどのような枠組によって上水道先行を選択したのか。このアイディアの構図を検討することが本章の目的である。

第 2 節　感染症という不確実な危機の発生

　日本の近代水道第 1 号は 1887 年（明治 20）に横浜で竣工した。以後函館、佐世保、呉、長崎、大阪、広島と続き、東京は 1898 年（明治 31）の竣工が続くこととなる。近代水道敷設地が初期は港町が多いのは、港町

が感染症の入り口であったことと関係がある。

　19 世紀後半の日本は度々感染症に襲われ、東京もその例外ではなかっ
た。衛生政策は明治政府の一大テーマであった。東京市が玉川上水を近代
水道に置き換え、「改良水道」という名称で敷設するきっかけが、コレラ
被害を免れることであったことはほぼ全ての水道関係主要資料に記されて
いる[1]。

　コレラの流行が日本で最初に確認されたのは 1822 年（文政 5）であ
る[2]。以後、幕末から明治期にかけて外国との交易が増加するにつれ、
度々の流行が発生している。明治前期の感染症流行史を見ると、コレラに
限らず腸チフス、赤痢の大規模な流行が周期的に起きていた。特に明治
10 〜 20 年代は高い頻度で流行しており、その死亡率も 50% を超えるこ
とも多かった。罹患したらすぐに死んでしまうコレラは「コロリ」と呼ば
れ庶民に恐れられた。

　コッホがコレラ菌を発見したのは 1883 年（明治 16）で、原因が細菌
の感染であることが明確となった。それまでは水や不潔な環境（瘴気）
が原因という認識は共有されていたものの、まだコレラが病原菌により伝
染する疾病であることはわかっていなかった。さらに、コレラ菌が発見さ
れても、治療法が確立されたわけではなかったが、水分を多くとることが
必要との経験則は共有されていた。庶民の間で共有されていたアイディア
は、ここまでであった。

1　例えば東京都水道局（1952）p.124 では、「明治 19 年のコレラ流行が、改良水道事業に拍車をかけた
　ことは否定できない。」と記されているが、後述の通り、コレラは幕末期より度々流行していた。続
　けて、明治 19 年コレラ流行について、「明治 19 年夏、横浜に流行を見たコレラは、府当局の必死の防
　疫も効なく、ついに 7 月 9 日には日本橋浜町に患者の発生を見、ついで 13 日本所緑町と浅草今戸町に
　も発生し、中旬よりは京橋に流行をはじめ、日本橋・本所・深川・浅草としだいに増加し、8 月には
　いついつそうはげしく、3 日からは 15 区内で平均 100 名を超え、18 日よりは 200 名以上、31 日に
　は 300 名に達し、9 月 1 日より 3 日までを最高として、各所の火葬場は旧棺のつきぬうちに新棺が山を
　なすほどで 15 区郡部合せて患者 12,171 名、死者 9,879 名をかぞえた。」と記されている。患者数・死
　者数の不正確さはあろうが、罹患者の死亡率 81.2% は図 1 の全国集計よりも格段に高く、江戸中心部
　の密度の高さをうかがわせる。
2　富士川（1969）p.215

そのような中で定期的に全国で数千—数万人が亡くなっていく疫病の恐怖は、明治新政府がどうしても克服しなくてはならない課題であったろうと想像される。1877年（明治10）の流行は西南戦争により全国に感染が広がったと言われるし、1895年（明治28）の流行は日清戦争が背景にあった（表1）。

表1　明治～大正時代にかけての感染症流行一覧（全国）

年	事項	患者数	死亡者数	死亡率
1877年（明治10）	コレラ流行	13,710	7,967	58.1%
1879年（明治12）	コレラ流行	162,637	105,786	65.0%
1882年（明治15）	コレラ流行	51,618	33,776	65.4%
1885年（明治18）	コレラ流行	13,824	7,152	51.7%
1886年（明治19）	コレラ流行	155,574	110,086	70.8%
	腸チフス流行	64,000		
1890年（明治23）	コレラ流行	46,019	10,792	23.5%
1891年（明治24）	コレラ流行	11,142	3,382	30.4%
1893年（明治26）	赤痢流行	167,000		
1894年（明治27）	赤痢流行	155,000		
1895年（明治28）	コレラ流行	55,144	14,990	27.2%
1899年（明治32）	赤痢流行	108,000		
1902年（明治35）	コレラ流行	13,362	4,136	31.0%
1916年（大正5）	コレラ流行	10,371	6,264	60.4%
1920年（大正9）	コレラ流行	4,967	3,114	62.7%

『日本水道史』（1967）の記述より作成

　こうした感染症の時代、衛生行政の担当部局が発足したのが1873年（明治6）である。文部省の中に医務局が置かれ、その局長に長與専斎が就任したことに始まる[3]。1875年（明治8）には医務教育を除き、その他

3　長與の自伝には「明治六年三月文部省中に医務局を置き、余はその局長に任ぜられ、医制取調べを命ぜられぬ、これぞ本邦衛生事業の発端なる。」と記している（長與、p.136）。

業務は内務省に移管され、局名も衛生局となり長與專斎が初代局長に就任する。

　長與は岩倉使節団に参加し、「sanitary」に「衛生」という訳語を当てた「日本衛生学の父」として知られている。この概念を持ち合わせていなかった一日本人がベルリンでsanitaryというアイディアから何を解釈したかは、重要な点である。

　長與の自伝『松香私志』には、次のように書かれている。

　　サニタリー（sanitary）云々、ヘルス（health）云々の語は、しばしば耳聞するところにして、伯林に来てよりも、ゲズントハイツプレーゲ（Gesundheitspflege）等の語は幾度となく問答の間に現れたりしが、初めの程はただ字義のままに解し去りて深くも心を留めざりしに、ようやく調査の歩も進むに従い、単に健康保護といえる単純なる意味にあらざることに心付き、次第に疑義を加え、ようやく穿鑿するに及びて、ここに国民一般の健康保護を担当する特殊の行政組織あることを発見しぬ。これ実にその本源を医学に資り、理化工学、気象、統計等の諸科を包容してこれを政務的に運用し、人生の危害を除き国家の福祉を完うする所以の仕組にして、流行病、伝染病の予防は勿論、貧民の救済、土地の清潔、上下水の引用排除、市街家屋の建築方式より、薬品、染料、飲食物の用捨取締に至るまで、およそ人間生活の利害に繋れるものは細大となく収捨網羅して一団の行政部をなし、サニテーツウェーセン（Sanitäts-wesen）、オッフェントリヒ・ヒギエーネ（offentliche Hygiene）など称して、国家行政の重要機関となれるものなりき。（中略）しかるに健康保護の事に至りては東洋にはその名称さえもなく全く創新の事業なれば、その経営まことに容易のわざにはあらず。（中略）きわめて錯綜したる仕組にて、あるいは警察の事務に連なり、あるいは地方行政に連なり、日常百般の人事に渉りてその範囲きわめて広く（後略）

　長與の衛生解釈には、現在の公衆衛生の他にも福祉政策、都市政策まで

含んだ制度が含まれていることがわかる。それは政治、法制や経済による立国制度ではなく、国民の健康保護による立国制度の発見であった。

　このような衛生概念は、コレラのような伝染病の蔓延に対して、様々な制度を生み出していった。衛生工学者の小野芳朗は、「虎列刺は衛生の母なり」という言葉を紹介し、「特効薬のない、いわゆる死病の急速な流行は、さまざまなシステムを生みだしていった。それは検疫制度であり、隔離病院であり、警察制度をふくめた衛生行政機構、公衆衛生学・予防医学の発展、細菌学の進歩と薬品の開発、大日本私立衛生会のような啓蒙機関、衛生組合のような町組織などである。」と紹介している[4]。

　このような制度観の衛生行政は、内務省で組織化された。1885年（明治18）それまでの太政官制から内閣制度が創設されるに伴い、内務省には県治、警保、土木、衛生、地理、社寺、会計の7局が設置された。警察制度も並行して整備された。

　こうした内務行政整備の中で、コレラ流行には、どのような対策がとられたのだろうか。『検疫制度百年史』によると「伝染病予防は迅速を要し、しかも人民に強制することが多いため、防疫、検疫の事も警察の掌るところとなった。したがって第一線では、発病調査、家屋の消毒、避病院への送院等総て巡査により行われ、衛生吏員はこれらを監督する立場となった。」とある[5]。避病院は隔離施設であるが、隔離を確実にするために警察と衛生が結びついていた。

　コレラの原因が病原菌にしろ瘴気にしろ、伝染することは分かっていたため、隔離、消毒、清潔の維持が重要業務となった。このような衛生制度導入と隔離を主としたコレラ防御の知識を背景に、東京でも近代水道敷設が検討されたことになる。

4　小野（1997）p.64
5　厚生省公衆衛生局（1980）p.35

第 **3** 節　**上水道の先行**

　この頃の東京で、江戸時代から水を供給していたのは、井の頭池を水源とする神田上水と 1653 年（承応 2）に完成した玉川上水であった。玉川上水は、多摩川の羽村堰から四谷大木戸まで水路で導水され、市中へは木樋を用い自然流下で導水された。ちなみに、日本において 17 世紀の城下町造成時には多数の水道が造られている（近世水道）。玉川上水もその一つで、江戸の人口 100 万人を支える役割を果たした。

　それに対し、1890 年（明治 23）に計画決定し、1898 年（明治 31）に竣工した改良水道は近代水道と呼ばれるのだが、近世水道と近代水道の相違は何だろうか。土木史家の神吉和夫は「近代上水道が衛生思想と近代科学技術に支えられた高圧・閉鎖・浄化給水系であるのに対し近世水道は衛生思想と近代技術を欠いた低圧・開放・無浄化給水系といえる。前者の方が衛生的であり、消防の面で優れているが、生活用水供給施設として考えると、近世の暗渠給水施設は水源水質が良好で、施設が汚水の浸入の無いよう正確に建設されている限りは、近代上水道ほどではないにしても一応その機能を果たす。近世の暗渠給水施設が長期にわたって都市給水施設として利用されたのは、そのためである。自然にある材料を巧みに加工利用し、微地形を考慮して樋管を設置した技術は高く評価すべきであろう。」と的確な区分を行っている[6]。

　玉川上水も飲料水としてはそれまでの慣習的水道機能を庶民は享受していたが、コレラというリスクについて、利用者が玉川上水をどの程度信用していたかというと、心許ない。

　例えば、次のようなエピソードがある。コレラ大流行年であった 1886 年（明治 19）、神奈川県西多摩郡長淵村（現在の青梅市長淵、当時は神奈川県）でコレラが発生した際、多摩川（実際には本流ではなかった）にお

6　神吉（2001）p.136

いて汚穢物を洗濯したというニュースが玉川水道を利用している人々に伝わり、玉川水道の衛生上の危険や、多摩川上流の神奈川県の警察取り締まりの不備など、連日議論が沸騰する状態となり、にわかに水道問題が云々されるようになった[7]。コレラの伝染に対して玉川上水が脆弱だと庶民が認識していたことを如実に示すエピソードと言えるだろう。

この際、東京府は上水の濾過煮沸の励行をすすめている。そして、上水吐口に濾水器を設置し、濾過水を飲料水として販売する瀘水会社が出現することになる[8]。

このようなコレラ不安に対し、衛生的な水をいかに確保すればよいか。この問いに対して、上水道と下水道を整備するという二つの選択肢が存在した。

限られた財源の中で、どちらを優先するか。この問題は東京だけではなく、ドイツでも起きた問題だった。1866年にミュンヘン大学衛生学教授となったペッテンコーファー（Max von Pettenkofer）はコレラの原因を土壌汚染説に求め、上水道の必要性を認めながらも下水道優先を説いた。ペッテンコーファーには森林太郎、緒方正規が留学師事した。一方コッホは1885年にベルリン大学衛生学教授となり、上水道の必要性を強調した。コッホには志賀潔、北里柴三郎が師事した。ドイツでは上下水道が並行整備されることになった。このように、財源が限られている場合の上下水道の優先順位設定は、ヨーロッパの都市でも大きな問題だったのである[9]。

内務省土木寮雇オランダ国工師ファン・ドールンに政府は水道調査を命じ、1874年（明治7）に東京水道改良意見書が提出され、翌年東京水道改良設計書が提出された。1876年（明治9）に政府は東京府水道改正委員を置き、1980年（明治13）には東京府水道改正設計書を立案した。上水道創設の議論は1874年（明治7）から始まっていた。しかし、この時

7　東京都水道局（1952）p.124
8　東京都公文書館（1984）p.94-95
9　本省の上下水道整備の記述は、断りの無い限り東京都水道局（1999）、東京都下水道局（1989）、社団法人日本水道協会（1967）、社団法人日本下水道協会（1988）に拠っている。

点では上水優先が決定されたわけではなかった [10]。

　この時期衛生行政を担っていた内務省衛生局長の長與專斎は、衛生工事、即ち水道と下水道の並行整備を理想とし、政府でも唱道していた。しかし、政府部内に賛意を表す者はほとんどいなかったという。

　衛生意識の喚起が必要と考えた長與は、当時東京府知事の芳川顕正と図り、1883年（明治16）に神田に実験的な下水を敷設することになった。神田下水である。神田が選ばれたのは、人家が密集し、水はけが悪く、土地湿潤のため、悪疫流行時に罹患数が最も多かったからであった。しかし、財源の見通しが立たなくなったことから、1885年（明治18）に打ち切られた。この背景には、1885年（明治18）に山県有朋新内相の下、内務省の機構改革が行われ、内務省の局構成を県治局、警保局、土木局、衛生局、地理局、戸籍局、社寺局、会計局の8局構成となり、地方の衛生業務は警察に移管したことが大きく影響している [11]。

　この後、引き続きコレラ流行が猖獗を極める中、上水道計画への動きが高まることとなる。

　結局、上水道は1890年（明治23）7月にバルトンの設計を中心とした「東京水道改良設計書」が内閣総理大臣の認可を受けた。

　この上水道先行について引用される言葉に、芳川顕正による1884年（明治17）に提出された「市区改正意見書」の「然れども、意うに道路橋梁及び河川は本なり、水道家屋下水は末なり。故に先ず、其根本たる道路橋梁河川の設計を定むる時は、他は自然容易に定むることを得べき者とす」という、下水道をなおざりにしたとも取れる点で、後に有名となる文言がある。この言について、都市史家の藤森照信は、「芳川は市民生活を無視したとする批判もあるが、しかし、言葉どおり、施行の手順上、配管

---

10 1883年（明治16）頃、コレラの原因についてペッテンコーファーの土壌汚染説とコッホの黴菌説の論争が日本にも持ちこまれていたという。コッホの弟子の北里柴三郎は黴菌説をとり上水道優先説をとった。一方後藤新平やペッテンコーファーの弟子、緒方正規は土壌汚染説に立ち、下水道優先説をとった。森林太郎は師とは異なり、上水道優先説を採った。
11 日本下水道協会（1988）でもこの見解をとっている。

に先立ち道路を決めなければならない、と解すべきであろう。」と記している[12]。この見解は多くの水道史研究に共有されている[13]。

　長與を中心とした中央衛生会は1887年（明治20）6月、は内閣総理大臣伊藤博文に「東京ニ衛生工事ヲ興ス建議書」を提出し、①上水はただちに人の口腹に入るからその影響が大きい、②上水は料金による収入がみこめ費用回収が図れるが、下水は直接の利益がない、③下水は予備調査が複雑で工事も難しい、などの理由から上水優先論を唱え、政府も「水道布設ノ目的ヲ一定スルノ件」を閣議決定し、上水道優先を決めていた[14]。

　内務省の地方行政重視の機構改革、それに伴う地方衛生事業を警察に従属させた時点で、上水道先行への流れは決まったと言うべきだろう。

　では下水道はどうなったか。1889年（明治22）7月に同じくバルトンによる「東京市下水設計第一報告書」が市区改正委員会に提出された。この設計調査の審査も、上水道と同じく水道改良委員会であり、委員長は長與専斎、他委員としてバルトン、古市公威、原口要、山口半六、永井久一郎、倉田吉嗣の7名で、長與と永井は衛生工学、古市、原口、山口、倉田は土木工学という技術者による委員会であった[15]。その内容は以下の通りである。

---

12 藤森（2004）p.261

13 とはいえ、この言説は約一世紀後の1973年（昭和48）の『東京都と下水道』という東京都下水道問題担当専門委員会報告では、「行政側の生活権軽視」として用いられた。都市化に下水道整備が追いつかない問題状況でこのように言説解釈が変わる例として興味深い。

14 東京都下水道局（1989）p.127

15 バルトン（1856-1899）は改良水道、下水道の設計者。1887年来日し、日本の衛生工学の父と呼ばれた。古市公威（1854-1934）は1875年より5年間パリに留学し、帰朝後は土木技術、土木工学の基礎を築いた。日本土木学会初代会長。原口要（1851-1927）は1875年に第一回文部省官費留学生で渡米し土木工学を修め、橋梁会社や鉄道会社の技師を務めた。1880年帰国後は東京府御用掛となり市区改正事業の責任者となり、上下水道改良、品川湾改修、吾妻橋鉄橋架設。以後工部省鉄道局技師となった。山口半六（1858-1900）は古市と同時期にパリに留学し、帰朝後は日本郵船、その後文部省に移り建築担当。旧東京音楽学校奏楽堂は山口の設計である。永井久一郎（1852-1913）は1871年、名古屋藩米国留学生に選ばれプリンストン大で学び、帰朝後は74年に工部省、75年に文部省医務局、79年内務省衛生局、80年初代統計局長。84年ロンドンで開かれた万国衛生会議に日本政府代表として出席、後にバルトンと出会い長與に招請を進言

① 　排除方式は分流式とする。雨水排除は在来の溝きょをそのまま利用し、必要に応じて改造を行う。

② 　し尿は貴重な肥料であるから従来の慣行通り処理し、原則として汚水管に流入させない。

③ 　排水区域は東京市15区全域を対象とする。

④ 　排水人口は当時の人口は約128万人であるが、将来増加をみこんで151万人とする。（以下略）[16]

　その後、この案は1年間棚ざらしにされ、1年余り後に再調査を命じられる。その際前記6名の調査委員に加え、渡辺温、角田眞平、松田秀雄、銀林綱男、芳野世経の東京府地元政治家5人を加え検討を行い、以下の結論を出す[17]。

① 　雨水と汚水を別々に排除する案は妥当。

② 　汚水排除方式はこのとおりでよい。

③ 　汚水排除の工費350万円、維持管理費毎年7万円は至当。

④ 　しかし上水改良費すでに1,000万円も投じているので、下水改良は財政上もはや余裕がない。もちろん放置しておいて良いということはないが、目下のところは市区改正委員会っで決議することは見合わせ、他日を期した方がよい。

⑤ 　市内の雨水氾らんに備えて、雨水きょの改良を先行させるべきである。

⑥ 　この設計は実地調査が必要なので、東京府に調査を嘱託した方がよい。

　長與委員は、つけ加えて次のように述べた。「いまご報告しましたように、350万円の改良費と年間6～7万円の維持管理費。これを考えますと、

しバルトン来日の端緒となった。後、水道条例制定に尽力する。永井荷風の父。倉田吉嗣（1854-1900）は東京大学理学部工学科卒、内務省御用掛となり勧農局地質科で地形測量に従事し、81年には農商務省で地形測量。東京府市区改正計画後は攻玉社初代校長も務めた。

16 東京都下水道局（1989）p.125

17 渡辺温（1837-1898）は当時東京府会議員。元幕臣で洋書調所で英語を教えた。渋澤栄一と関係が深く、渋澤と共に東京製綱株式会社設立に参画し初代社長。角田眞平（1857-1919）は当時東京市会議員。松田秀雄（1851-1906）は当時東京市神田区議会議員、後に1998年初代東京市長となる。銀林綱男（1844-1905）は内務官僚で1892年に埼玉県知事。芳野世経（1850-1927）は当時第一回衆議院議員選挙で東京府第9区から当選。

いまの時点ではとうてい実行不可能であります。ゆえに調査委員はとりあえず、雨水きょの管理を漸次実施すべきであるという方針を出しました。下水改良は、市区改正問題の中でも一番さきにとりあげるべき事業としておりましたのに、事業の面目にもかかわることでありますが、現実の困難性もありやむをえないと思います。今後この事業は東京市に委託するほうが実際上便利かと思います」と述べている[18]。

財政制約を背景に、衛生工事を優先させる意味で上水を優先させたという発言にもとれるが、さらに内務省県治局の中で下水事業を必ず行ってほしいという意味にもとれる。長與の後悔は甚だしく、下水道普及の仕事は長與の2代後の衛生局長の後藤新平に引き継がれることとなる。

第4節 消防の水道

　これまで衛生の観点から上水道と下水道について歴史的推移を概観した。これらは上下水道関係資料から構成したものである。これら資料にほとんど触れられていないアクターがいる。それは消防関係者である。

　東京における上水道アイディアの出発点は、1877年（明治10）につくられた「府下水道改設之概略」である。その第三章の趣意には「如今府下ノ必須トスル所ノ者ハ、水ヲ得ルノ清潔饒多ナルト、水ヲシテ高ニ上ラシムル壓力是ナリ、水ノ清潔饒多ナルハ衛生ノ洪益ニシテ、其高ニ上ルハ火災消防ノ大利ナルカ故ナリ。」とあるように、衛生と消火を目的に清潔と圧力という機能が最初に指摘されている点は注目されている。

　消防行政にとっても、改良水道は望まれる所であった。

　1890（明治23）水道条例が公布されるが、第十六条には「市町村ハ消防ノタメニ消火栓ヲ設置スベシ、消防用ニ消費シタル水は水料を徴収スヘカラス」とある。

---

18 東京都下水道局（1989）p.298

　『日本橋消防史百年史』には、「上水道の完成により衛生上の改良は当然ながら、平均四百五十尺（百三十六メートル）ごとに敷設された水道消火栓により消防に及ぼした効果は絶大なものがあった。（中略）消火栓に直結したホースの圧力は蒸気ポンプと大差がなかったという。水道消火栓の普及により、江戸・明治と続発していた大火の記録が激減する結果となった。」と記されている[19]。

　日本の「消防の父」と呼ばれているのは、同じく「警察の父」とも呼ばれ、警察行政を整備した川路利良である。1872 年（明治 5）警察業務を司る警保寮が設けられ、川路は警保助兼大警視となった。そして、警察消防制度の調査研究のため同年から 1 年間、フランス、ベルギー、オランダ、ドイツ、ロシア、オーストリア、ハンガリー、イタリア、スイスを視察した。この旅中、フランスで川路は腕用ポンプに出会い、その威力に驚き、1 台日本に持ち帰った[20]。腕用ポンプは、人力によりポンプを動かし送水するもので、人力が蒸気機関に置き換わった蒸気ポンプが後の 1884 年（明治 17）に輸入されることになる。川路は帰国後に政府に提出された建白書の中に「人民ノ損害火災ヨリ大ナルナシ、故ニ消防ハ、警保ノ要務、願ハクハ各国ノ例ニ遵ヒ消防事務ヲ警保寮ニ委任セハ府庁ニ於テ別ニ消防掛ヲ置クニ及ハス、是府費ヲ省クノ一ナリ。」と記している。

　警保寮は川路が帰朝していた 1874 年（明治 7）には内務省に移管され、東京警視庁が発足した。東京府下の消防事務もここに移された。

　川路は 1879 年（明治 12）に亡くなるが、腕用ポンプ、蒸気ポンプに驚く「目」を持っていた。日本の近代水道第 1 号は 1887 年（明治 20）横浜水道で、それまでは木樋水道であった。近代水道の給配水の要素技術はポンプと鉄管であるが、ポンプのもつ効用を川路は理解したであろう。

　そして、腕用ポンプ、後に蒸気ポンプを利用し始めた消防組はその効力

19　日本橋消防署百年史編集委員会（1981）p.50

20　川路と共に同行したのは河野敏鎌、鶴田皓、岸良兼養、井上毅、益田克徳、沼間守一、名村恭蔵で、江藤新平による司法制度確立を目的にしたものだった。沼間守一は後に東京府議会議長となり、東京の消防制度確立に大きな役割を果たすこととなった。

を実感することとなった。同時に、彼らはいくらポンプが増えても、取水点が無ければ役立たないこともよく理解したことと想像できる。

当時の消防組には鳶を兼ねていた者が多かった。多くは土木業で、杉井組（大正時代に解散）、鹿島組（現鹿島建設）の請負業の下で働きたがったという[21]。こうした、いわば江戸の町火消し達は、水道条例が公布された後、さらに組織化が進むこととなる。

『日本橋消防百年史』によると、通水が開始された1899年（明治32）、「平均四百五十尺（百三十六メートル）ごとに敷設された水道消火栓により消防に及ぼした効果は絶大なものがあった。（中略）消火栓に直結したホースの圧力は蒸気ポンプと大差がなかったという。」と記されている[22]。

近代水道の特徴である有圧給水をもたらすポンプと鉄管の内、ポンプ技術については衛生事業者もさることながら消防関係者がその威力と必要性を痛切に感じていたといえるであろう。

第 5 節　地主にとってのし尿流通

上水道先行が決定された後、下水道案は棚ざらしにされたが、なぜ人々は下水道案に関する理解や制度受容に消極的だったのだろうか。

当初計画された下水道案は、雨水溝と汚水溝の2本を分離する分流式であった。後にそれは、日本の水道の父と呼ばれた中島鋭治によって設計変更され、合流式になる[23]。汚水やし尿を下水道に排出することは、当時大きな意味があったと想像される。それは、し尿と地主の関係を切り離してしまう可能性があるという点である。

---

21 町火消しから消防の組織化と導入技術については鈴木（1999）が詳しい。
22 日本橋消防署百年史編集委員会（1981）pp.50-51
23 中島鋭治（1858-1925）米国、英国等留学後、1890に帰国し91年内務省内務技師補、東京市水道技師を併任。96年バルトンの後任として帝国大学工科大学教授として衛生工学を担当した。以後、全国の上下水道の設計、指導、数多くの技術者を輩出した。

　当時、し尿は廃棄物ではなく有効な肥料であった。

　郊外の農家はし尿を買い求めるために都心（旧15区、現在の千代田区、港区、中央区、台東区、）まで買い求めに来ていた。取引の相手は家主である。明治10年代は江戸の町割りがそのまま残っていた。地主は借家人達の代表であり、地主が東京府議会を通して政治的な影響力をもっていた。地主である家主は、借家人の下肥を売った金額を農家から受け取っていた。これがもし失われることになると、地主にとって大きな損害と言える自体が新たに生まれることになった[24]。

　これに対して、玉川上水の場合は水道料金は水銀あるいは水料と称され、水銀は町の経費（町入用）に含まれ、これを年1回地主が負担した。金額は地主の持つ屋敷の間口の長さに応じて割り当てられた[25]。既に上水については料金支払いの制度が広く認識されていたが、下水にとってはその認識が無かったことになる。

　一方、農家にとっても下肥が失われることは損失であった。

　このような認識が共有されると、下水道は、雨水排除機能をもつものであって、し尿も共に流すのは時期尚早と言われても仕方がなかったと思われる。

　ちなみに、東京の下水道着工は1913年（大正2）となる。既に1911年（明治44）に上水道の全工事が終了し、1913年（大正2）は人口増加に対応するための第一次水道拡張事業開始の年でもあった。

　この1913年（大正2）7月、東京市の有志議員団体は「東京市の下水道はし尿を下水と一緒に流す計画となっているが、実にけしからん計画である。農民の貴重な肥料を奪い、かわりに外国より高価な化学肥料を買入れねばならぬから、国家の大損失である。」と発表した。大正前期は都市で発生する大量のくみ取りし尿は近郊の農地で消費され、し尿処分問題で頭を痛める都市は皆無だったのである[26]。

24　鈴木（1992）p.64で、これを「家主のボーナス」と表現している。
25　伊藤（1996）p.151
26　日本下水道協会（1988）技術編p.133

このようなし尿取引関係が存在したわけだが、大正中期には郊外農地の宅地化・農業人口減少ならびに化学肥料の普及により、し尿需給のアンバランスが生じるようになる[27]。

　このような必ずしも衛生的とは言えない有機物循環が流通制度として定着していた明治期、上下水道布設の意思決定が上水道優先、そして下水道は分流式ではなく合流式が選択されたことは説明がつくところであろう。合流式が選択されたため、下水は衛生というよりも、土地を乾かしより利便性の高い道路・土地を生み出す都市の土地改良機能が優先されたとも言えるのである。

　内務省衛生局長で東京市区改正委員でも衛生面の主導的立場にあった長與専斎は、こうした推移をどのように振り返っているのか。自伝の『松香私志』に、水道布設前に造った神田下水について次のように述べている。「ここにおいて時の東京府知事芳川子と謀り、十六、十七両年度に渉りて衛生局の勧奨費と府の区部地方税とより連帯支弁し、しないの最も不潔にしてコレラ流行の最も甚だしかりし神田の一小部分を画し正式の下水工事を興したり（石黒五十二の設計にかかる）。大都の中央に掌大の地を局し若干丁の暗渠を設けたればとて、固より何程の功も著わるべきにあらねど、せめては目の前に標本的の実物を示し、いかにもして世人の注意を点醒せんとの微意なりけれども、それさえ本管を通したるのみにて家々の下水とは連絡するに至らずして止みぬ。久しくその場所に住みて衛生の事に注意せる人々は、下水の工事成りしより以降土地乾燥して悪臭なく、蚊蠅の煩苦を忘れ、窒扶斯のごとき悪病はいちじるしく減少したりと云いき。されどこの挙は世に下水の功能を紹介するの目的をも達しあたわず、ほとんど一場の児戯に過ぎざりけり」[28]

　長與は上下水道並行論、即ち衛生工事が重要という趣旨で動いてきたが、「家々の下水とは連絡するに至らず」と書いているように、上水道の

27 日本下水道協会（1988）技術編 p.134
28 小川鼎・酒井シヅ校注（1980）p.176

共同栓や専用栓といった技術の効果を感じられる「利用の場」が、下水道の場合は何にあたるのかまでは、考えられなかったのかもしれない。

第 **6** 節　**鉄管、注射、人造肥料**

　上水道の要素技術は衛生的な隔離と有圧であること、すなわち鉄管技術である。浄水は緩速濾過方式を。結局改良水道は 1892 年（明治 25）に着工され、1898 年（明治 31）に通水開始し、1899 年（明治 32）から各戸給水工事に着手、1901 年（明治 34）には市内の旧上水を廃止した。

　この頃の変わりゆく空間の様子を田山花袋は次のように記している。

　　新しい都市の要求は、漲るようにあたりに満ちわたった。御成街道は見る見る大きな通りになり、大通もぐっとひろくなって行った。橋梁のかけかえ、火消地の撤廃、狭い通りの改良、昔の江戸は日に日に破壊されつつあった。

　　水道工事もかなり面倒であった。私は牛込の山の手の町の通りが、すっかり掘り返されて、全くの泥濘に化し、足駄でも歩くことが出来なかったのを覚えている。私の歌の師匠の住んでいる田町の細い通などは殊にそれがひどかった。

　　「まるで泥海ですな。」

　　「どうも水道工事でな。」

　　こう師匠も言った。

　　鉄管が彼方にも此方にもごろごろところがされて、泥鼠のようになった人足が、朝の寒空に焚火をして、その周囲を取巻いていたりした。例の鉄管事件などというのがその頃にあったのである。

（田山花袋『東京の三十年』）[29]

---

29 刊行は1917年（大正6）。

このような都市改良工事の喧噪を経てできあがった改良水道について、『東京近代水道百年史』は、「当時の水道は、一般家庭の場合、各戸に給水されるものではなく、街路に設置された共用の水栓を利用するものであったが、労せずして容器一杯となり、旧水道では雨天につきものであった濁りもなく、鉄管で密封された水は衛生的にも安全で、その圧力は防火上の効果が十分期待できた。そして当局者や識者は、改良水道の実現を、列強各国に並び殖産興業も大いに期待できることから大変喜んだ。それまで水道料金はすべて地主が負担していたため、一般市民は新たな負担にとまどったが、その便利さに給水量は年々増加していった。」とし、続けて火災数の減少、伝染病数の減少を見ても水道改良の効果は明白と続けている[30]。

　上水道布設の効果は、当初の利害関係者の期待通りとなり、以後大正、昭和、平成へと拡張が続くこととなる。

　ちなみに田山の文にある「鉄管事件」は、改良水道鉄管納入をめぐる汚職事件のことである。改良水道工事計画では、必要となる鉄管総重量は45,000トンにのぼった。この受注に参加したのが石川島造船所、東京鋳鉄所、日本鋳鉄の3社だったが、価格の安さから日本鋳鉄に発注された。しかし、日本の鋳鉄技術そのものが未熟だったこともあり、日本鋳鉄の納期・品質が安定せず、途中でベルギーとスコットランドから輸入されることとなった。その過程で、一旦不合格品となった日本鋳鉄の鋼管が合格品として納入された事件が発生した。これが鉄管事件である。

　後に丸吹竪込法で鋳鉄管を安定的に製造し「鉄管の久保田」と言われるようになった大阪創業の久保田鉄工の『久保田鉄工社史』には、この日本鋳鉄の経緯が書かれているので引用したい。鉄管というアイディアが、実際に実現され納入されるに至る困難さと政財界人の意図がよく書かれている。

　一方東京市でも、大阪市と相前後して水道の敷設が決定されたが、その所用鉄管四万五,〇〇〇トンを一定に引き受ける計画の下に、明治二

30 東京都水道局（1999）p.10

十六年一月、日本鋳鉄株式会社が設立された。

　会社の設立には、多少の経緯があった。先ず第一に、当時は全部輸入品で賄われておった鉄管について、横須賀の海軍廠長・遠藤秀行が、鉄管の代わりに銑鉄を輸入して鋳造すれば、日本の工場でも立派な鉄管が出来ると主張し、新会社設立の発起人の一人に懇請された渋沢栄一は、日本の工場には残念ながらまだその設備も経験も無いから、新事業としては危険と思われるので、矢張り輸入鉄管を使う方が無難であると力説して、遠藤の国産論と対立した。然し一部の財界人は、当初の目論見の通り遠藤を社長とする鋳鉄会社の設立を計り、東京市の大量の鉄管発注を引き請けようと画策する一方、世論も亦、値段の高い外国品の輸入を可とする渋沢の反対を非国民として罵り、演説会や新聞紙上で猛烈に攻撃する者さえあって世論をわかせたが、渋沢は頑として自説を枉げなかった。然し結局は、眼の前にちらつく大量註文に目をつぶることができず、海軍中将・赤松則良を社長として創立されたのが日本鋳鉄合資会社である。

　この会社は目論見の通り、東京市と水道用鉄管の納入契約を結んだが、同年十月に一，一〇〇ミリメートル直管を鋳造し、翌年一月までには六十七本を検査に出したところ、何分にも製作経験が全く無かったので、合格は僅かに五本、その五本も最終の水圧試験では、たった一本が合格するだけという惨状で、工場には不合格の製品が累積し、二十七年五月には東京市との契約も解除され、保証金は没収ということになり、設立後僅か一年にして早くも破産状態に陥ってしまったのである。

　この会社は、わが国技術の最高権威者や、陸海軍工廠での鋳造経験者のほか、大財閥も関係していたにも拘わらず、結局は大失敗に終わってしまったので、世間では、鋳鉄管製造の事業は日本では到底不可能だと考えられ、その製品も外国品と肩を並べることは出来ないものとして、それまでいろいろとこの事業について計画したり、研究を続けていた人

31 久保田鉄工（1970）p.23-24

たちも、或は断念し、或は中止するようになってしまった[31]。

上水道の主要技術であるポンプと鉄管の内、特に鉄管の大量生産については明治後期、どうしても乗り越えねばならない鋳造技術の革新が必要だったことが、現在の鋼管主要メーカーである久保田鉄工の社史記述にも現れている。

一方、コレラ治療についても、コッホが発明したワクチンで予防する方法が普及した。藤森（2004）はこれを「水道から注射へ」と称し、その結果下水整備の熱は冷めていったと説明している[32]。しかし、正確に言えば、それに加え、水道創設時には、下水道は地主や近郊農家に有用とは思われなかったと言うべきであろう。

そして、大正初期はし尿への需要が減少し、下肥から廃棄物へと人々の認識が変化し始めた時代であった。し尿の代替として、大豆粕、そして化学肥料も市場に出回るようになる。日清戦争後、化学工業は揺籃期を迎え、1910年（明治43）には五社合併による「大日本人造肥料」（現在の日産化学）が設立された[33]。さらに明治30年代には、電灯や鉄道事業用途に各地で水力発電所が建設されるようになり、その余剰電力を使い、「日本窒素肥料」が石灰窒素を製造し始めた。これら発電所に使う国産発電機も、政府の奨励策もあり、国産重電メーカーが日露戦争前後に生まれ始める[34]。

水を利用する環境が大きく変化したのが大正初期に至る20年だった。コレラに対する衛生制度群から上水先行が選択され、地主と農家の間の汚物の肥料利用関係、さらに技術開発と産業構造の変化、それに伴う市場変化という一連の制度変化が衛生と肥料を中心に結びついていたのが明治期東京の水道創設期といえる。上水道先行論は当時の東京近郊の食料生産と

---

32 藤森（2004）p.270
33 大日本人造肥料の前身となる東京人造肥料会社の設立者が高峰譲吉、渋沢栄一、益田孝であって、渋沢と益田の両名が上水道優先着工決定時の東京市区改正委員会の東京商工会員としての臨時委員であることも、水道、電気、化学の関係を考える上で興味深い。
34 有沢広巳（1994）p.212

衛生制度の棲み分け過程の結果選択された制度変更だったのである。

第 7 節　技術を理解した消防士

　明治期における東京の上水道先行論という制度変化は、アイディアによる制度変化論から、どのように説明できるのだろうか。

　各アクターが上下水道に期待した目的は表 2 の通りである。

表 2　アクターが求めた問題と利益、水道アイディア

政策コミュニティ	衛生グループ	警保・消防グループ	地主グループ
アクター	長與専斎を中心とする内務省衛生局グループ	内務省警保局グループ	東京市中の地主グループ
問題と利益	コレラ等の感染症、清潔の確保	コレラ等の感染症、隔離の有効性・威信確保、消防水利	コレラ等の感染症、清潔の確保
上水アイディアに何を期待したか	浄水、木樋に代わる給排水	浄水、鉄管による有圧給排水	浄水、木樋に代わる給配水
下水アイディアに何を期待したか	雨水・汚水排除による清潔空間		期待しない、現状維持

　明治 10 年代以降、近代水道の具体的な姿が一般には不明なまま、徐々に水道制度に向けて建議書や計画、それらの委員会による討議といった検討が進められ、1890 年（明治 23）水道条例公布し、以後事業が正統化され進められていく。同時に財政制約が明らかになり、下水道制度は後回しにされ、下水道法と汚物掃除法は 1900 年（明治 33）に交付、実際の着工開始は 1913 年（大正 2）となる。

　当初、上水道の技術は設計図を通じてしか明らかではなかった。浄水場でなされる緩速濾過（1829 年にイギリスで始められていた）等について、文献と言葉から理解するしかなかっただろう。但し、検討を重ねるにしたがい、徐々にアクターが、自ら利用する文脈において獲得できる利益・問

題点は理解していったと思われる。その結果、アクター達の配置が分節化されていった。

　当初はコレラ対策の文脈で清潔な水を供給する衛生事業、あるいは清潔な空間を提供する衛生事業として、上下水道技術というアイディアはまず検討の場に投入された。しかし、それだけではこのアイディアは可視化されていないし、実現する機能について想像することは苦労したと思われる。その中で、上水道を先行させることに最も熱心な理由をもっていたアクターは警保・消防グループであったことがわかる。この頃、地方衛生業務は警保局の管轄となっており、その業務は避病院への隔離業務であった。そこでの衛生業務は最前線業務であった。

　さらに、消防は内務省警保局の管轄であり、おそらくポンプによる消火の威力を身をもって知っている集団であった。それは腕用ポンプ、蒸気ポンプを輸入し、有圧水を生み出すポンプの力を最も知っていた集団であったことを意味している。そして、いくらポンプがあっても、取水できる場所が無ければ用をなさないことも痛感していたであろう。彼らには有圧の水道が必要だったし、「有圧水道の消防への応用」というアイディアを、強く理解できたし水道アイディアの効用を共有したであろうことは想像に難くない。

　これに比して、下水道は衛生に有用であることは共有されていながらも、消防には関係なく、衛生確保にも直接には役立たない。上水先行論こそが最も求められるものであった。衛生の理念というアイディアが採用されたのではなく、上水道技術の消火への応用場面を強く描けるアクターが多数いたことが大きかった。

　この上水道先行決定はその後の東京の水管理に影響を与え続ける。第一には、東京の人口が増加し続け、それに適合するために拡張工事をし続け、上水道アイディアは都市基盤として受容されていく。一方、意図せざる結果として下水道整備は遙かに遅れていく。その間、排水不良は、人口増加、地盤沈下といった予期せぬ現象で問題化し、さらに高度成長期の公害という文脈で東京の水政治を拘束していくことになる。

第 **3** 章

東京市膨張・発電水利・河水統制

第 **1** 節　水道広域化の開始

　東京都水道事業は改良水道創設以来拡張の連続であった。この時期の拡張は、膨張する人口に適応するための生活用水の供給であり、それが社会基盤として有益であることも社会に共有されていった。同時に、第一次世界大戦時を景気とした産業の変化も相まって、人口が東京市15区の郊外地域に拡大し、水道も拡張していった。「拡張」はその後も続き、高度成長期においては多摩川に加え、利根川水系に取水源を求め「広域化」のコントロール範囲が後に「首都圏」と呼ばれる範囲にまで拡がっていった。

　本章で述べるのは以下の5点である。

　第1は、急速な都市化の進展である。東京市域が拡大し、旧15区から35区に拡大し、郊外人口も増え、東京都水道局は給水人口増加に迫られた。

　第2は、民間水道会社の登場である。水道法の改正により、新20区を中心に民間水道会社が営業し始めた。当初は、東京都水道局の未整備地域を補う役割を果たしていたが、給水人口膨張に民間水道会社は耐えられなくなり、東京市水道に吸収されていった。

　第3は、水利アクターの多元化・アクター間関係の複雑化である。郊外が宅地化され、それまでの農業用水が実質的には機能しなくなり、工業用水に水利転換される一方、電力事業者のような新規利水者が増え、取水をめぐる水利アクターが多元化・複雑化した。

　第4は、大正初期における「資源」概念の成立である。資源管理は後に中央政界でも重要なアイディアとして用いられるようになり、1930年代後半からは米国のTVA事業がモデル視される中、河川の多目的利用が目指されるようになる。この過程で、衛生設備としての上水道に、都市の富の利水設備としての意味が付与される。

　第5は、「拡張」と「統制」の意味の変化である。水道「拡張」の意味が、国レベルで進められ始めた水の「統制」との関係の中で変化してい

く。それと並行して、都市人口の膨張により水道水源を利根川に求める動きが現れる。さらに、河川の水利権と水利アクターを「統制」管理していこうという「河水統制」の考え方が生まれた。

　この期間、上水道拡張を縦糸に、様々なアイディアが制度アリーナに投げ込まれた時期であった。本章では、水道広域化をめぐり、どのようなアイディアが登場し、アクターが動き、制度が生まれるのが、その構図を検討する。

第 2 節　東京市から大東京市への拡大

　東京市は上水道を下水道に先駆け優先敷設し、改良水道が 1898 年（明治 31）に通水が開始された。改良水道の計画給水人口は 150 万人であったが、この時の給水範囲、すなわち旧東京市の範囲を、東京府さらには東京市の変遷過程の中で整理しておこう。

　江戸時代、町奉行所の統治範囲を朱引地、黒引地と呼ばれていた。それが 15 区からなる東京市が成立し、同時に東京都水道も東京市の責任で配備されることとなった。

　江戸時代から続く玉川上水は、第 1 章で述べたように、コレラ流行を機に、近代水道に置き換わる。これが改良水道である。多摩川の羽村取水堰から取水して伸びていた玉川上水を、新宿に新築した淀橋浄水場に引き込み、浄水し、そこから配水するものであった。配水地域は東京市 15 区（麹町区、神田区、日本橋区、京橋区、芝区、麻布区、赤坂区、四谷区、牛込区、小石川区、本郷区、下谷区、浅草、本所区、深川区）であった（図 1、図 2）。

　東京市の人口は太平洋戦争時を挟んで一貫して増加していく。しかし、15 区の人口は概ね 200 万人強で推移する（図 4）。

　大正時代には私鉄の発達により人口は郊外に向けて増加し始め、関東大震災以降には、それに拍車がかかる。

旧15区の外縁部である近郊の人口増加により、1937年（昭和7）に郊外5郡82町村がそれまでの旧15区の東京市に合併され、新たに20区（品川区、目黒区、荏原区、大森区、蒲田区、世田谷区、渋谷区、淀橋区、中野区、杉並区、豊島区、滝野川区、荒川区、王子区、板橋区、足立区、向島区、城東区、葛飾区、江戸川区）が加わり、東京市市域が拡大し35区体制となった。これがほぼ現在の特別区域と重なるが、この時の35区の拡大した東京市は「大東京市」と呼ばれるようになった。新たに加わった新市域の人口増加は大正時代より速く、東京の人口増は当初は新市域が担っていた（図2、3、表1）。

東京都公文書館HP資料より
図1　1932年（昭和7）東京市域拡張直前の東京府範囲

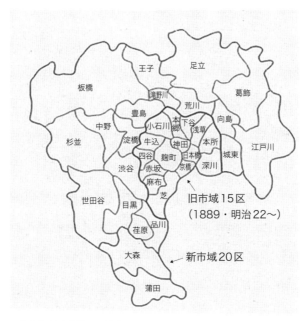

東京都公文書館 HP 資料より

図 2　1932 年（昭和 7）東京市域拡張後 35 区時代の範囲

表 1　東京都と東京市（現東京都特別区）の推移

現　東京都	現　東京都特別区
・1871（明治 4）　東京府設置 ・1893（明治 26）多摩三郡を神奈川県より東京府に移管 ・1943（昭和 18）東京都制施行	・1868（明治 1）　江戸府設置（朱引地）、東京府に ・1878（明治 11）東京市 15 区設置 ・1889（明治 22）市制特例の下で東京市誕生 ・1932（昭和 7）　新市域 20 区を合併し、35 区の東京市成立（大東京市） ・1943（昭和 18）東京都 35 区へ ・1947（昭和 22）23 区へ

8,000,000

7,000,000   6,778,804

6,000,000   5,895,882

5,000,000   4,986,913

4,000,000   4,109,113   3,648,514   4,545,203

3,358,186   2,916,000   2,777,010

3,000,000

2,173,201   2,113,546   2,070,913   2,233,601   2,323,594

2,000,000

1,588,119   1,995,567   2,247,368

1,000,000   1,184,985   453,419

0

1908   1920   1925   1930   1935   1940   1945

―― 旧市域小計　　―― 新市域小計　　―― 合計

図 3　戦前東京市人口推移

　この市域拡大・人口増加は、そのまま給水すべき人口の増加となり、水
道事業に跳ね返ることとなる。

　当初の改良水道は、淀橋浄水場で緩速濾過され芝・本郷の給水場を経て
鉄管で有圧の水道として給配水され、1898（明治31）から神田・日本橋
方面に通水された。給水は専用栓と共同栓に分かれていたが、1890（明
治23）年の計画では 150 万人の旧市内全市民に一人 1 日四立方尺の水量
供給を目指し、1911 年（明治44）に完了した。しかし、1908 年（明治
41）の旧市域人口は 155 万を既に超え引き続き増加し、改良水道完了時
には供給不足が明らかになっていたのである。

　このような上水道の過剰需要の発生は、この後戦争を経て、高度成長期
まで続くことになる。

　参考までに、東京都の人口推移を見ておこう（図 4）。ここで注目でき
るのは、1919 年（大正 8）頃から人口の増加率が変わり、以後ほぼ同じ
割合で増加し続ける。戦中では被災・疎開で人口が減少するが、戦後の高
度成長開始期の人口は 1919 年頃からの人口の伸びに連なっているように
見える。歴史人口学的には第一次人口転換がこの時期に起きたと見なされ

ており、人口転換における一種の人口増加構造の存在を推測させるが、こ
こではそこまでは断言しない。

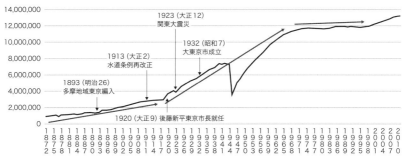

図4　現在の東京都範囲人口 1872-2010

　こうした人口増加の趨勢を背景に、水道拡張事業の歴史が始まることとな
る。東京市は供給不足にあたり、二つの選択を行った。第1には水道事業
の拡張、第2には水道事業への民営事業者参入を可能にしたことであった。

第 3 節　連続する水道拡張事業

　第1の、水道拡張事業の開始であるが、改良水道工事が完了する2年
前の1909年（明治42）に、東京市は内務省東京市区改正委員会に水道
拡張の調査依頼を行い、1913（大正2）には第一次水道拡張事業が着工
されることとなる。村山貯水池、山口貯水池、境浄水場の設置により水量
を賄う計画だった。途中、関東大震災に伴う中断、水道復興速成工事の施
工があったが1936年（昭和11）に完了した。この第一次拡張は改良水
道と同様、旧市域を対象としたものだった。しかし、完成する前の1932
年（昭和7）、東京市は隣接する5郡82町村を合併し、35区体制となり、
大東京市となった。1930年（昭和5）の給水対象人口は旧市域207万人、
新市域291万人、合計で498万人と計画策定時には予想しない量に膨れ

あがった。

　第2は、民営事業者の参入を認めていなかった水道条例を1911年（明治44）に改正し、民営水道事業を認め、さらに1913（大正2）は参入障壁を低くする再改正を行った。これにより新市域に水道事業者が成立し営業を開始するようになった。拡張に間に合わない新市域人口増加に対して、民営水道により供給を任せたのであった。条例は内務省所管であったが、東京市と協力の上での対応であったことは想像に難くない。

表2　第一次利根川系水道拡張までの東京市水道事業

	時期	目的	主要水源	貯水池、ダム等
改良水道工事	1890（明治23）-1911（明治44）	近代水道置き換え	多摩川水系	
第一水道拡張事業一・二期	1912（明治45）-1936（昭和11）	旧市域の給水不足解消	多摩川水系	村山、山口貯水池
水道復興速成工事	1924（大正13）-1928（昭和3）	既設水道の震災被害復興		
引継水道拡張工事	1932（昭和7）-1936（昭和11）	市域拡大に伴う隣接水道の一元化	多摩川、荒川、江戸川	
第二水道拡張事業	1936（昭和11）-1964（昭和39）	旧市域を主な範囲とした給水不足解消	多摩川水系	小河内ダム
水道応急拡張事業	1936（昭和11）-1952（昭和27）	第二水道拡張の遅延を背景とした応急的な給水対策	多摩川、江戸川	
相模川系水道拡張事業	1950（昭和25）-1960（昭和35）	水需要逼迫を背景に、相模川河水統制事業の川崎市割り当てを分水	相模川	
江戸川系水道拡張事業	1960（昭和35）-1963（昭和38）	利根川系完成までの応急事業	江戸川	
中川・江戸川系水道緊急拡張事業	1962（昭和37）-1965（昭和40）	水需要逼迫の緊急対応	江戸川、中川	
第一次利根川系水道拡張事業	1963（昭和38）-1968（昭和43）	1957に特定多目的ダム法、そして利根特定地域総合開発計画に基づき、大正から宿願の利根川水源の事業計画	利根川	矢木沢ダム、下久保ダム

　このような人口増加は、大正初期より顕著になる人口の郊外移動が原因

である。旧市域は概ね 200 万人で飽和人口に達した如く安定したが、後の新市域の人口増加が始まっており、関東大震災がそれに拍車をかけたとはいえ、図 4 で見る通り、人口の東京市への移動と郊外化傾向はそれより早く 1919 年（大正 8）より始まっていた。この郊外化は新市域、さらには戦争を挟み多摩地域に至るまで「長期的には」ほぼ一定の増加率傾向で戦後の 1960 年代まで続くことになる。

　水道事業は旧東京市の景観を変え、当時発生しつつあった新中間層と言われたサラリーマンを生み、企業の集積を促進させた。その結果、人口が急増し、急増人口は旧市域外に溢れていったのである。

　さて第一水道拡張事業後であるが、当然のことながら間髪を待たずに第二水道拡張事業が 1936（昭和 11）より開始される。これもまずは旧市域を対象とした拡張事業であって、急増人口に応えるために、多摩川水系の小河内ダム建設が主眼となっていた。ただし、第二拡張工事開始の翌年、1937（昭和 12）には新市域をも対象とした第三水道拡張事業のための水道水源調査会が開かれており、いくつかの候補地検討を経て、奥利根水源案が採用される。これが戦後の利根川総合開発につながっていく。それ程までに、人口増加等による水の逼迫の認識は、関係者の間で共有されていたと言えるだろう。

　このように水道拡張事業は、人口増加局面においては設備拡張が追いつかず、完成した折には当初目的以上の給水量を求められることになる。これが戦前の東京市水道の拡張事業であり、それは郊外が多摩地域にまで広がる戦後高度成長期まで続くこととなる。

　さらに見逃せないのは、第二水道拡張事業の計画〜開始時期が、郊外化という都市拡大に伴う利害関係者が登場し、調整が行われ、最終的には戦時体制というヴェールの中で「統制」が確立した時期ということである。

　この時期の利害対立は以下の点である。

（1）東京市水道と民営水道の対立と一元化

（2）都市膨張に伴う東京市と川崎市間による多摩川水源の対立——いわゆる二ヶ領用水問題

（3）発電事業者の参入による内務省と逓信省 ── 商工省の対立

　これらの調整のタイミングの差により、後に詳述するように、多摩川は河水統制事業というアイディアから外れていくことになる。

第 4 節　東京市水道の拡張過程

　1964 年（昭和 39）までの東京市の水道拡張過程は、都市膨張、水資源利用アイディアとアクターの登場、そして逼迫していた取水源と水利用技術という点から区分すると、以下の 3 期に分けることができる。

表 3　大東京市人口増加に対応した東京市水道拡張過程時期区分

	第 1 期：旧東京市の時代 改良水道期・第一次拡張期	第 2 期：大東京市の時代 引継水道・第二次拡張期	第 3 期：大東京市復興時代 第二次拡張期
時期	1890（明治 23）-1936（昭和 11）	1936（昭和 11）-1945（昭和 20）	1945（昭和 20）-1964（昭和 39）
拡張の目的	旧東京市 15 区の衛生保持、安定給水	給水人口拡大への対応	復興・給水人口拡大への対応
事業内容	旧玉川上水の近代水道への置き換え、15 区への給水、郡部への他事業者水道設置緩和	小河内ダム建設による旧東京市 15 区と隣接町に給水、江戸川、相模川事業	復興事業、第二次拡張事業の継続
取水源	多摩川	多摩川（小河内ダム）、江戸川、相模川	多摩川、江戸川、相模川、利根川
アクター	内務省、東京市、水道事業者	内閣調査局・企画院、内務省、東京市、逓信省、川崎市、発電事業者、水道事業者	建設省、東京市、水資源開発公団
課題	給水人口の増加、関東大震災復興	給水人口の増加・郊外化、資源総合利用への対応（新たな資源利用者の登場）	被災からの復興、給水人口の増加・郊外化
生成されたルール	衛生の確保「衛生的水道の安定給水」	資源としての水の確保「水資源配分の統制」	復興、資源としての水の確保「水資源配分の計画」
解決のための制度・計画	水道条例改正	河水統制 電力国家管理関連 4 法案	河川総合計画 首都圏整備法

　第1章で触れた改良水道事業は、玉川上水を近代水道に置き換えたものだった。その給水範囲は東京市15区で、計画給水人口は200万人だった。

　しかし第2期の水道拡張期①は様相が異なる。東京市への人口流入が止まらないため水道法を改正し、東京市水道局による給水地域と民間企業給水地域が並存することとなった。

　水道条例の改正に伴い、郡部を中心に公営水道・民営水道が設立され、給水が開始された。詳細は表4の通りである。

表4　大東京市成立前後の水道

公営・民営	水道名称 独立した水源を有するもの	水道名称 左記より分譲を受けるもの	水源（取り入れ口）	給水区域	給水開始年	統合年
公営	東京市		多摩川（羽村）	15区一円	1898（明治31）	
		淀橋町		淀橋町	1927（昭和2）	1932（昭和7）統合
		千駄ヶ谷町		千駄ヶ谷町	1928（昭和3）	1932（昭和7）統合
		大久保町		大久保町	1929（昭和4）	1932（昭和7）統合
		戸塚町		戸塚町	1930（昭和5）	1932（昭和7）統合
	荒玉（荒玉水道町村組合）		多摩川（砧上）	王子、岩淵、滝野川、巣鴨、西巣鴨、板橋、長崎、高田、落合、野方、中野、杉並、和田堀の各町	1928（昭和3）	1932（昭和7）統合 砧上系へ
	渋谷町		多摩川（砧下）	渋谷町、世田谷町と駒沢町の一部	1924（大正13）	1932（昭和7）統合 砧下系へ
		目黒町		目黒町	1926（大正15）	1932（昭和7）統合
	江戸川（江戸川上水町村組合）		江戸川（金町）	隅田、寺島、吾嬬、亀戸、大島、小松川、砂町、千住、南千住、三河島、日暮里、尾久の各町	1926（大正15）	1932（昭和7）統合 金町系へ
	代々幡町		地下水（鑿井）	代々幡町	1931（昭和6）	1932（昭和7）統合 代々幡系地下水源へ

	井荻町		地下水（善福寺）	井荻町	1932（昭和7）	1932（昭和7）統合杉並系へ
民営	玉川（玉川水道（株））		多摩川（調布）	品川、大井、大崎、大森、池上、馬込、入新井、東調布、玉川、荏原、碑衾、蒲田、羽田、六郷の各町村	1918（大正7）	1935（昭和10）買収統合。玉川系へ
	矢口（矢口水道（株））		多摩川（伏流水）	矢口町	1930（昭和5）	1937（昭和12）買収統合。矢口系地下水源へ
	日本（日本水道（株））		多摩川（伏流水）	世田谷町、駒沢町	1931（昭和6）	1945（昭和20）買収統合。狛江系へ

佐藤志郎『東京の水道』1960 の記述をもとに制作

　この内、公営水道は1932年（昭和7）の大東京市成立と共に、東京市水道局に一元化された。新市域の水道に大きな役割を果たしていた民営水道は、後に順次東京市水道局に統合され一元化されていった。その原因は市水道料金に対する民営水道料金の高さにあった。このため民営水道契約者は早くより、市営水道への一元化要望を市に提出している[1]。民営水道の従業者もできる限り東京市水道に移籍している。

第5節　二ヶ領用水問題と発電事業・河水統制

　第二次水道拡張事業の最大事業が小河内ダム事業である。この事業が発表されるや1933年（昭和8）10月、川崎市の二ヶ領用水組合が東京都に

1　水道料金について『大田区市下巻』には次の文章が載せられている。「市郡合併後に於ける吾人区民の生活は、旧市域の住民に比し、著しき懸隔を有す、即ち水道に於いては旧市民の使用しつゝある料金十立方米九十三銭なるに拘わらず、玉川水道は十四立方米一円七十五銭、矢口水道は一円六十五銭にして、殆ど其倍額を負担し」p.465とある。

向けて水利権紛争を起こした。この件の東京市側の当事者でもあった佐藤志郎は佐藤（1960）の中で、①羽村堰改造の問題、②東京市第一水道拡張に対する問題、③羽村堰下流に設備した原水補給に対する問題、④羽村の投渡を急激に取り払う問題、の四点が争点となり、二ヶ領用水の積年の不満が露わになったと説明している[2]。

　しかし、二ヶ領用水側にも引くに引けない事情があったことは指摘されていない。それは多摩川右岸の川崎市の急激な郊外化の問題である。

　震災後、郊外化が大東京市成立に結びついたが、それは多摩川を越えて川崎市にも及んでいた。川崎市は、橘樹郡川崎町、御幸村、大師町の2町1村が合併して1924年（大正13）に成立した。水道は1921年（大正10）に川崎町で整備が始まっていた。多摩川を越えた川崎も東京市新20区と同様に人口増加は著しく、市制施行後、1927（昭和2）には橘樹水道（株）が設立され、1930（昭和5）は市営水道第二期拡張事業に着手している。取水源の逼迫に川崎市は1932（昭和7）、即ち大東京市成立の同年に、二ヶ領用水水利組合からの分水協定を結んだ。二ヶ領用水は川崎市の実質的な生活水利資源となっていたのである。

　この問題が内務省の調整の上解決したのが1936年（昭和11）。これをまって同年7月に東京市水道第二次拡張工事が認可された。

　1936年（昭和11）から1939年（昭和14）の4年間は、東京の水資源管理を語る上では重要な時期である。1937年（昭和12）より河水統制が始まり、1938年（昭和13）には電力国家管理関連法案が成立し、発電送電が一元化された。この時期、東京市水道第二次拡張工事が始まっており、多摩川上流にボルダーダムあるいはグランドクーリーダムを模して、小河内ダムを多目的ダムとして造ろうとしていた。多目的とは、河川を様々な用途に転じる資源と見なした上で、用途目的毎に効率的な管理を行おうという意味である。

2　佐藤志郎（1901-1974）。秋田県生まれ。仙台高等学校土木工学科卒業後、東京市水道局に入る。1948年の小河内ダム建設再開に伴い、小河内貯水池建設事務所長となり、「ダム男」の異名をとる。退任後は新宿副都心建設公社理事、水資源開発公団監事をつとめた。

河川は治水の対象であり、水利資源としては農業水利と生活水利が見込まれて来た。そこに発電水利事業者が参入した上に、水道事業者も従来に無い膨大な水需要に対応しなくてはならなくなった。ここに「多目的管理」というアイディア、それを技術として実現した米国 TVA のモデルが日本にも持ちこまれてきた。このタイミングで小河内ダムは計画されたのである。

　この計画に第1に反応したのが二ヶ領用水組合だった。改めて、この事情を記しておく必要がある。二ヶ領用水組合（稲毛川崎二ヶ領普通水利組合）は 1933 年（昭和 8）神奈川県に対し以下の申し立てを行っている。

(1)　当組合取水量ハ上下両取入口ヨリ毎秒 9.722 立方米ナル故東京市ニ於テ事業着手前ニ該取水量ノ取水設備ヲ為スコト
(2)　羽村堰改造ハ絶対ニ為サザルコト
　　　但シ修繕ヲ要スル場合ハ当組合ニ協議ヲナスコト
(3)　羽村取入口ヲ灌漑時期に限り毎秒 12.553 立方米ノ取水量ニスル様改造スルコト
(4)　東京市第二水道拡張計画参考書ニ明記セル水力発電事業ハ絶対ニ為サザルコト
(5)　羽村堰以下当組合取水堰間ノ用水堰及水道取入口ノ改造ハ絶対ニ為サザルコト但し修繕ノ場合ハ当組合ニ協議スルコト
(6)　東京市第二水道拡張参考書ニ小作取入口云々トアルモ多摩川筋ヨリ新ニ取入口ヲ設クルコトハ絶対ニ為サザルコト
(7)　小河内堰破損ノ結果当組合ニ損害アリタル場合ハ東京市ニ於テ其ノ賠償ヲ為スコト
(8)　多摩川出水ノ場合ニ羽村堰開樋ノ為メ其ノ度毎ニ当組合取水用上下堰ノ破損甚シク爾後右様ノ損害アリタル場合ハ東京市ニ於テ補償ヲ為スコト

　この二ヶ領用水を巡る水利調整問題は決着が 1936（昭和 11）まで延び、

水利調整の例として多くの書で取りあげられている。結果としては内務省が調整に乗り出し、羽村堰の常時溢水量を協定で決着する。このことは自動的にダム発電事業を不許可にすることにつながる。

　協定書による申合は以下の内容である。

　東京市ノ起業ニ係ル第二水道拡張ノ為、多摩川上流ニ於ケル貯水池築造工事ニ関シ、東京及神奈川ノ両府県知事ハ左記事項ノ履行ヲ協定スルモノトス。
1．貯水池完成ノ上東京市ハ、毎年5月20日ヨリ9月20日ニ至ル間羽村堰ヨリ毎秒2立方米ヲ常時溢流セシムルモノトス。但シ両府県知事ノ協定ニ依リ右溢流水量ノ全部又ハ一部ヲ貯留シ、下流ノ需要ニ応シ右貯留水量ノ限度ニ於テ適宜之ヲ溢流セシムルコトヲ得。
2．東京市ヨリ両府県関係用水路ノ改修費トシテ金2,300,000円ヲ支出セシムルモノトス。但シ右金額ノ内3分ノ2ハ神奈川県、3分ノ1ハ東京府ノ分トス。
3．上記各項実施ノ細目其ノ他本件ニ附帯スル事項ハ、両府県知事ニ於テ協定処理シ、新ニ東京市ニ対シ負担ヲ加ヘサルモノトス。

　『第二拡張事業誌（前編）』には、計画されていた発電事業が詳細に掲載されている。ダム直下左岸に第一発電所を、さらに第二、第三発電所を設け、さらに羽村堰上流と羽村堰下流の小作から村山貯水池、山口貯水池にそれぞれ導水され、両貯水池にも発電設備を設けようとしたものだった。下流を取水口にしている農業用水にとってみれば、流量が減るだけではなく、流況も不安定になる計画であったことが想像されたであろう。

　この第二拡張事業計画はもう一つ大きな特徴をもっていた。それは小河内ダムを河水統制事業の一つに指定することで、多摩川は計画段階では事業に含まれていた。

　河水統制は、多目的利用というアイディアから見れば当然浮かんでくる洪水調整、農業水利と発電水利との間の費用調整問題の調整枠組である。

背後には内務省、逓信省、商工省、農林省の間の権利調整問題があった。

　二ヶ領用水問題が発生して、内務省の仲裁協定で終息したが、解決に3年を要した。ちなみにその後、二ヶ領用水は川崎市水道局に移管された。これは多摩川をめぐる二ヶ領用水と東京市の積年の慣行水利の水争いと文字通り捉える論者もいるが、当時の状況を考えると、多摩川の流況不安定は二ヶ領用水だけではなく、川崎市水道、川崎水道から工業用水を利用していた企業にとっても影響を与えるものだったろう。

　内務省が乗り出す理由は、河水統制事業にもあった。これを松浦は「大正時代の後半、河川水の利用をめぐって従来からの利水者である灌漑用水と、明治末期から発展していった水力発電との間で競合関係が生じていた。このため、その監督官庁である農林省と逓信省との間で軋轢が生じていた。これに、治水を担当するとともに河川法を所管する内務省が加わり、3省間で激しい権限争いが生じていたのである。この状況下で、内務省の技術陣のなかから河水統制思想が生まれてきた。それはダム等による貯留水を活用して流況を安定させ、それによって治水とともに水利用の高度化を図り、河水をコントロールしようというものだった」と的確に記している[3]。河水統制の調査費は2.26事件後に成立した広田内閣で1936（昭和11）承認され、1939（昭和14）河水統制計画概要が策定された。並行して1938（昭和13）には電力国家管理関係法案が承認された。これらの動きの背景にはTVAの開発思想があった。国レベルでは河川水利への発電水利者の参入で、河水統制が成立したのである。この調整に力を発揮したのが1935年に発足した内閣調査局であった。

　さて多摩川であるが、先にも触れた通り、当初は発電事業も入れた計画

3　松浦（2000）p.72

4　安田（1940）には「東京市が多摩川の上流小河内に計画した河水統制事業は、求めうるだけの水を得んとするものである」（p.257）、同じく安田（1942）は二ヶ領用水問題を発電水利には触れずに説明し、計画実現遅延による損失を繰り返さないために「行政力を強化するといふことが、何よりも重大なることと認めねばならぬ。」と記している。著者の安田正鷹は内務官僚から内閣調査局に転じ河水統制の確立に中心的な役割を果たしていた。また『内務省史』にも、当時河水統制河川として選ばれていたものの一つに多摩川の名も見える。（p.45）

として策定された。そして河水統制の対象河川となるべきものだった[4]。しかし二ヶ領用水問題決着により既に発電事業は不許可となっていた。そこで実質的には発電水利者との費用配分問題も起こらず、東京市の負担で水道専用ダムとして小河内ダム建設が始められていた。

亀田素[5]は小野基樹[6]（1937）に「北米コロンビア河のグランドクーリーダムが小河内ダムの手本であった。日本の技術が充分の自信水準に達していない時であったので、大東京市でも画期的のハイダム築造は無理であろうとの先入観と大ダムは先づ内務省の手でとの意見が暗に反映して、小河内ダムの建設には一方ならぬ陰の苦労があった事を、ダム建設の歴史の一頁に残すことも有意義である」と記している。

二ヶ領用水の問題決着で多摩川の河水統制の必要はなくなったが、二ヶ領用水はその後どうなったか。既に決着の時点で二ヶ領用水は川崎の県営工業用水に飲み込まれようとしていた。

昭和初期、現在の川崎市域には多数の工場が立地し、過剰揚水による地盤沈下も見られ始めていた[7]。このため多量の工業用水を必要とした日本鋼管、昭和肥料、東京湾埋立の3社が1935年（昭和10）民営工業用水計画調査に乗り出していた。この調査では多摩川沿岸の伏流水は水量、また海水が混じるという水質の点で確実性が無いと見ていた。結局、現在の川崎市中原区日吉に含水層を発見し、この地域に15ヶ所鑿井し1日あたり5万4,000m³の取水を計画した。この民営案を、川崎市は日本最初の工業用水道として市営で建設運営する方針を示した。

当時1936年（昭和11）の市会において川崎市長は次のように述べている。

5　亀田素（1898-1991）佐賀市生まれ。京都帝国大学土木工学科卒業後、1925年に東京市に入り、小河内ダム建設に関わった。1937年にグランドクーリーダム建設現場にを視察。戦後は川崎製作所を設立、そして1960年に上下水道のコンサルタント会社である（株）東京設計事務所を起ち上げた。水道業界におけるコンサルタントの先駆けと言える。

6　小野基樹（1886-1976）北海道生まれ。京都帝国大学理工科大学土木工学科卒。1912年、東京市水道局に入り、村山、山口貯水池新設、小河内ダム計画を立案。36年小河内貯水池建設事務所長、42年水道局長。後に日本ダム協会会長。著書に『水至渠成』がある。

7　この後の川崎市水道ならびに公営工業水道事業については川崎市水道局（1966）に拠っている。

工業用水の問題はいろいろ伝えられているが、未だ具体化したものは一つもありません。

　民営として、民間会社で東京や川崎方面に給水すると云うような機運もあり、又地元においては、埋立会社等も加わって、市の了解のもとに、組合水道として取りあえず、所要の工業用水を給水したいというような計画もあり、又新聞でご承知のとおり、会社としても相模川の水利統制に関連して、諸工場自体に対する一大水源地を得なければならない建前から、目下基礎調査をはじめつつある状態である。市としては、これらの計画の中に介在して、水道部において調査計画を進めているのでありまして、何れその計画が具体化すれば各位におはかりをして、市営としたいという希望をもっている。

　このように、この時点で市長は相模川河水統制事業に言及している点が興味深い。

　市としてはこの工業用水を公営とするには3社以外にも参加できるように計画を増強した。先の計画に加え、取水源を休止中の宮内水源地、稲毛・二ヶ領用水の余剰水、1日2万7,000m³を加えた。この公営工業用水道は1937年（昭和12）7月に一部給水を開始した。利用企業は昭和電工、日本鋼管、東京芝浦電機、昭和電線電纜、日本鋳造、富士電機、さらに1939年（昭和14）には浅野セメント、日立工作機の新規契約があり、8社にまで及んだ。化学、鋼管、重電といった軍需工業に結びついていた。この公営工業用水道は、1938年（昭和13）に議決された神奈川県営相模川河水統制事業計画に組み込まれ、津久井分水池から毎秒5.55m³の分水を受けることとなった[8]。

8　川崎市の神奈川県営相模川河水統制事業からの工業用水のきっかけは、工場立地に見合った淡水の不足、ならびにそこから生じる過剰揚水に伴う地盤沈下であった。東京でも江東区の地盤沈下が1923年（大正12）から報告されていたが、地盤沈下を問題に設定し、その解決手段として工業用水を手当する方式は昭和30年代から通産省の工業立地政策の一環といて行われる。東京都水道局でも取り組んだのは1956年（昭和31）の工業用水法施行後からであった。

　結局、多摩川は首都の水源として位置づけられ、同じ多摩川を取水源とする二ヶ領用水は郊外化に飲み込まれつつ相模川河水統制事業の工業用水に組み込まれていった。二ヶ領用水にとって、用水利用の大部分が生活用水、工業用水に変更されたことや、用水の維持コスト負担先が川崎市、神奈川県、国に分担されることは短期的には利益と捉えられたのだろう。

　一方、認可された東京市水道第二次拡張事業は動き始め、小河内ダム建設が始まる。戦争による工事の一時中断を経て、1957年（昭和32）に竣工した。が、その時には既に東京の爆発的な郊外化が始まっていた。

　この流れを内務省から見れば、二ヶ領用水問題とは、「多摩川を巡る東京と二ヶ領用水の対立」というよりは、二ヶ領用水を含む川崎市水道、川崎市工業用水道を相模川河水統制事業に組み込む過程で発生した水利紛争と解釈することも、可能ではないかと思われる。

第 6 節　都市化・農業・生活用水・発電の制度配置転換

　第2期に出現した問題は、それまでの農業・生活用水・発電の制度配置が有効に機能しなくなり、変更され、新たなアイディアとして河水統制に期待が高まったことである。

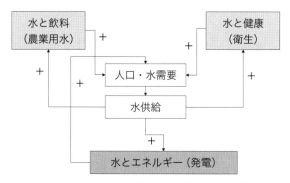

図5　農業用水、生活用水、発電水利の関係

図5は現在の水資源管理にも用いられる枠組である。水は食料生産、健康、エネルギーに変換できる資源である。

　歴史上、水はまず農業生産から始まり江戸時代には農業用水の基盤が固まり、それが人口を増やし、水需要を増し、それに応じた水供給を行うことがさらに食料生産に結びつくというポジティブ・フィードバックの構造をもっていた。さらに、近代水道が創設され衛生の基盤が確立すると、衛生的な水供給、それをベースとした都市・住宅がさらに人口増・水需要を増やすというポジティブ・フィードバックの構造も成立した。東京の場合、その水源の多くは多摩川水系に負っており、多摩川水系で機能していた二つのポジティブ・フィードバックが東京市の人口増加をもたらした。両システムが互いに調整されずに依存しあい水需要を増加させ、ロックインされた制度群を「農業・生活用水レジーム」と呼ぶことができよう。

　しかし、人口増加と水需要増加が進み、郊外化、すなわち農地の住宅地への転換がどんどん進むようになると、生活用水の需給ギャップが広がっていった。そして、多摩川の水を農魚用水と生活用水で取り合う水争いとなって現れる。そして、調停者としては、生活用水の側に立った調整を行う。二ヶ領用水の問題をこのような図式の対立として描いているものも多い[9]。

　確かにこのような側面は否定できない。しかし、それでは説明できないのは、なぜ二ヶ領用水の反対文書の第四条に、発電所の絶対反対を唱えているのか説明できない。そして内務省による調停結果、小河内事業における発電事業は中止されているのである。二ヶ領用水問題は、表面的には東京市（生活用水）と川崎市（農業用水）との間の水利紛争と見られている。しかし、なぜここまで二ヶ領用水は敏感になったのか。それは二ヶ領用水自体が、郊外化の中で川崎市の工業用水路と化しつつあったこと、それ故に下流域の水量確保に敏感にならざるを得なかったことがある。二ヶ領用水内部でも農業用水と生活用水との用途バランスが崩れていた。その

---

9 例えば玉城哲（1968）では二ヶ領用水の生活用水への変質過程としてこの問題を解釈している。また、華山・布施（1977）でも水道と農業用水の対抗関係として扱っている。

上、川崎市水道に占める工場契約者の割合は高かったし、工業用水も敷設されるようになる。

　まず都市の人口増加による水需要逼迫を問題にしたが、それはそのまま電力需要の増加であった。電灯の民需だけではなく工業用の電力需要（特に重電）が高まったことを意味し、水力発電の重要性が水利権との関係で関係者に認識されるようになってきた。発電は、ダムで取水しタービンを回し下流に放水すれば、水そのものを消費するわけではない。但し、放水を別水系に行えば下流への水量は減る。同一水系に放水しても発電により流況は不安定になり、下流取水者には不利になる。このような発電需要が逼迫した水源に発生した場合、従来のレジームを変更し、農業、生活、発電の3用途を管理する「河川水資源管理レジーム」と呼ぶべき、新たなレジームのアイディアが必要になり、実際に現れたことは想像に難くない。

第7節　資源統制というアイディアと制度配置

　この時期、国レベルで進んでいたのが、電力国家管理の動きで、発電を中心とした資源統制の動きが進んでいた（表5）。この背景には、水需要逼迫にもかかわらず効率的に管理すれば発電量が高まるという期待があった。

　先述の通り、東京市水道局拡張事業部の小野基樹は TVA を視察し、小河内ダム事業建設機材買い付けを行っている。また内閣調査局の実質的推進者は資源政策を牽引していた松井春生であった。

　ちなみに、松井は大正初期に resource に「資源」という言葉を当てた内務官僚だった。松井は資源を「或る組織體に就て、其の存榮に資するあらゆる源泉を包括する概念」と説明し、1927年（昭和2）に設けられた資源局についても説明している[10]。ここで導入されたのは、統制によって無駄を排除すること（合理化）であった。同じ内閣調査局で河川を治水だ

10 松井（1938）p.17

けではなく農業用水、生活用水、発電水利で計画的に活用しようというアイディアが河水統制事業で、これを河川局内で積極的に進めたのが安田正鷹である[11]。1938 年（昭和 13）には電力国家管理法案が通る。

表5　電力国家管理直前の中央・河川・電力業界の動き

中央	河川・東京市水道	電力
	1923（大正 12）マイアミ川治水計画ダム完成し、物部長穂見学	1924（大正 13）大同電力により、初の本格的貯水池をもった発電ダム・木曽川大井ダム完成
	1926（大正 15・昭和元）「河水利用増進に関する件」調査予算要求したが認められず、通信省、農林省と調整 ※この年、東京市議会は将来の水源を利根川に求めることを議決	
	1932（昭和 7）大東京市成立	
	1933（昭和 8）二ヶ領用水組合異議申し立て	
1935（昭和 10）内閣調査局設置 1936（昭和 11）2.26 事件 1937（昭和 12）内閣調査局が廃止され、企画院に引き継がれる 1938（昭和 13）電力国家管理関係法成立。国家総動員法、農地調整法も成立	1936（昭和 11）二ヶ領用水組合と協定成立。東京市水道第二次拡張工事認可	
	1937（昭和 12）河水利用増進に関する件、調査予算認められる	
	1939（昭和 14）河水統制計画概要策定	1938（昭和 13）電力国家管理関係法成立 1939（昭和 14）日本発送電設立

　ここで、逼迫した水を資源として認識した上で、水利用者、特に事業者による水利用の無駄を廃し、統制による合理化を図る。これが資源利用の制度配置であって、ここに発電水利を包含することとなった。統制には調整者が必要であって、それが企画院が担うこととなった。

---

11 安田正鷹（1897—1981）岐阜県生まれ。岐阜県工手、養老郡書記等を経て、1920 年岐阜県地方課、1926 年内務省に転じ、土木局河川課に 1939 年までつとめる。昭和初期の新河川法立案に関わり、多数の書を著した。その後、日本発送電（株）土木建設部事務課長、岐阜県議会議員をつとめた。

　資源利用の制度配置は、その目的を戦争遂行のための総動員体制に置き始めるのだが、このレジーム自体は戦後も生き残ることとなる。目的を復興、経済成長に置き換えても資源利用の制度配置は変わらず生き続けた。戦前の資源統制に関わった官僚は、戦後の資源調査会に流れ込み、国土計画策定を支えることとなる。

　この中で、第二拡張事業は二ヶ領用水との紛争のため発電事業を断念し、農業・生活用水レジームでの最後の事業となったとも言える。一方、二ヶ領用水は川崎市水道、工業用水に組み込まれ、工業地帯の振興を主な目的に据えた相模川河水統制事業に組み込まれていく。重電、化学企業が立地していた川崎市に水道を振り向けることは、統制経済の重要な力点であったろう。

　国家総動員法が成立した1938年（昭和13）は、多元的アクターの中で水資源の統制が始まった時期として重要な年となった。小河内ダムは1938年（昭和13）に着工されたが、戦時中は工事中断され、完成したのは1957年（昭和32）であった。

第 **4** 章

郊外化と多摩地域水道都営一元化というアイディア

第 1 節　郊外化という場

　国土政策を考える際に避けて通れない問題に都市化、そして郊外化の問題がある。大正期に東京都心部の旧15区から拡がりだした外縁部住宅地が郊外と呼ばれ、それが高度成長期には多摩地域にまで拡大した。郊外化を都市外縁部の拡大と捉えれば、郊外は常に新たな居住空間が生まれ、さらにそれを参照し新たな居住空間が造られるという再帰的に解釈され実践が行われた場であった。その結果として、人口増大期には期待を集めた空間であったし、人口減少期には急速に色あせた疑似都市空間として解釈されて負のラベルが貼られた。

　大正期から始まった郊外化の当初は、農地の宅地への転換、農業労働者がサラリーマンに転換することで生まれた都市外縁部に立地したベッドタウンだった。その空間は密度も高くなく、文字通りの田園都市（garden city）であった。内務省地方局により田園都市の概念が紹介されたのも都市の細民と地方の農村に代わる選択肢があった[1]。

　当時は日露戦争から第一次世界大戦に向かう時期で、都市部に工場が立地し、新中間層と呼ばれるサラリーマンが生まれ人口集中率が上向いた。

　一方、1990年代後半には、その居住者の高齢化率が上昇し、都心部の再開発が始まると、今度はオフィスから切り離された味気ない住宅地で魅力が無い土地と解釈される。しかし、一度宅地に転換した土地が農地や緑

1　ハワードやセネットをはじめとする田園都市論が、内務省地方局により紹介された著書が『田園都市』博文館（1907・明治40）である。ハワードの『明日の田園都市』は都市論の古典であり、都市問題解決の技術・アイディアである。これが日本に紹介された年は日露戦争終了直後で、地方の荒廃が問題視されていた。戊申詔書が交付される前年で、日露戦争後に内務省地方局が主導した地方改良運動のモデルとして田園都市だけではなく各国の協同組合運動、日本各地の地方開発運動が紹介されている。地方改良運動のリーダーは後に東京市長もつとめた井上友一（1871-1919）である。これを『田園都市と日本人』と改題し、1980年に復刻したのは大平内閣のブレーンとして「田園都市構想」に関わり、後の教育臨調で大きな役割を果たした社会学者・香山健一（1933-1997）である。田園都市論は息の長いアイディアであるが、引用されるアイディアの意味が、時代の文脈、引用者の文脈により異なり、技術に変換しようとした時に、文脈に強く依存せざるをえない例として興味深い。

地に戻ることはほとんどなく、それに合わせた郊外型大型ショッピングセンターが立地し、郊外型マーケットが成立することになる。

　このように見ると、郊外化とは土地利用の農用地から宅地への転換であり、その間に都市中心部を基準にいくつもの解釈がなされてきた周縁部の変化であり、その結果として居住地と流通業を車・鉄道が結ぶ生活市場が成立し、変化しつつある過程とも言える。郊外化とは、都市化のサブシステムの中で、いくつもの制度が束となって変容する過程と捉えられるべきであろうが、現象としてはまるで独立した資源と可能性を秘めた範囲と捉えられやすい点が興味深い。

　大東京市以降も人口の膨張は続き、全国の1次産業から2次・3次産業への労働力転換の結果、高度成長期に東京に流入する人口は多摩地域で吸収されることになる。大正〜昭和期にかけて東京市で起きた人口増大と水道拡張の必要性が、高度成長期に多摩地域で起こった。但し、多摩地域は東京市の行政区域外であった。しかも、ライフスタイルが変化し水需要も変わり、地方から流入した新住民が、当時政治の世界で力をもちつつあった革新勢力と親和的な関係をもち始める。こうしたいくつもの変化が進行する中、多摩地域の水不足から始まる水道問題は、どのような経緯を辿るのか。そして、この経緯にどのようなアイディアが投入されていくのだろうか。

第2節　多摩地域への人口拡大と住宅プレイヤー

　東京市の人口膨張に応じて、水道拡張は続いた。大東京市時代は1932年（昭和7）〜1947年（昭和22）であったが、その大東京市、現在の特別区の水道拡張が終了するのは1960年（昭和35）であって依然として都市膨張に対する水道基盤の遅れは続いていた。その間にも郊外化は進むことになる。

　多摩地域は東京都の特別区ならびに島嶼部を除いた地域で、2020年（令

和2）現在、30市町村から成り立っている。戦後、この多摩地域は急激な人口増加に見舞われる。スプロール現象が現れ、地主は農地を売り宅地となっていった。その傾向は1960年の高度成長期には著しかった。

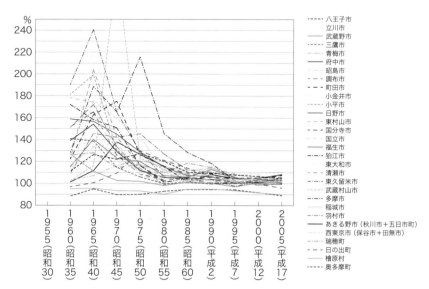

出典：国勢調査より。2010以降は東京都による予測値
（『東京都区市町村別人口の予測』東京都、2007）

図1　多摩地域自治体の人口増加率推移

　それまで多摩地域全体でも100万人余りの人口だった範囲に、市によっては前年比2.5倍の人口が押し寄せた（図1）。
　これは全国からの人口集中が東京に及んだ結果、スプロール現象が起きた結果でもあった。もちろん所得倍増計画、全国総合開発計画、これらを背景とした産業立地政策もこの背景にはあった[2]。こうした背景をもとに、農地はどんどん無秩序に宅地化していった。

2　細野・中庭（2010）に詳しい。

　旧東京市における人口膨張と水道拡張の関係と同様の事態が、多摩地域でも起きることになる。しかし、多摩地域は市町村の集合体であり、水道法の規定によりその整備者は自治体であった。

　各自治体は青梅市と八王子市を除いては、戦後に続々と水道布設を進めていった（表1）。

表1　多摩地域の水道事業開始年と水源

	水道事業開始年	水源
八王子市	1929（昭和4）	地下水、伏流水
立川市	1952（昭和27）	地下水
武蔵野市	1954（昭和29）	地下水
三鷹市	1959（昭和34）	地下水
青梅市	1928（昭和3）	伏流水
府中市	1958（昭和33）	地下水
昭島市	1954（昭和29）	地下水
調布市	1959（昭和34）	地下水
町田市	1954（昭和29）	地下水
小金井市	1955（昭和30）	地下水
小平市	1959（昭和34）	地下水
日野市	1960（昭和35）	地下水
東村山市	1959（昭和34）	地下水
国分寺市	1958（昭和33）	地下水
国立市	1959（昭和34）	地下水
福生市	1954（昭和29）	地下水
狛江市	1964（昭和39）	地下水
東大和市	1963（昭和38）	地下水
清瀬市	1959（昭和34）	地下水
東久留米市	1962（昭和37）	地下水
武蔵村山市	1965（昭和40）	地下水
多摩市	1962（昭和37）	地下水
稲城市	1966（昭和41）	地下水
羽村市	1961（昭和36）	地下水
あきる野市 （秋川市＋五日市町）	1965（秋多町）、 1959（五日市町）	地下水（秋多町）、 表流水（五日市町）
西東京市 （保谷市＋田無市）	1963（昭和38）	地下水
瑞穂町	1962（昭和37）	地下水
日の出町	1964（昭和39）	表流水、地下水
檜原村	1956（昭和31）	表流水
奥多摩町	1962（昭和37）	表流水

水道整備が大東京市時代と異なるのは、前述の通り水道が各市町村で整備されたことである。したがって、東京特別区は旧東京市が前身であり、東京都水道局は特別区の整備を進めていったが、多摩地域は戦後成立した自治体として独自に整備が行われたのである。

この時、各自治体の水道局に大きなインパクトを与えたのが渇水である。1964年（昭和39）のオリンピック大渇水時には、河野一郎建設大臣のリーダーシップの下、武蔵水路を造り荒川の水を東京につないだことは有名だが、これは東京都水道局管内に配水され、多摩地域には一部が分水された[3]。

当時の多摩地域の水道の多くは地下水取水である。表流水である多摩川、玉川上水は水利権設定がなされていたため、使用できなかったからである。したがって、渇水時には地下水にもストレスがかかる。各自治体が過剰揚水を行えば地盤沈下が起きる恐れがあり、現にそれが起きた。

ここで多摩地域市町村は東京都水道局への分水要請を行い、分水を受けることとなった。これが後の多摩地域都営水道一元化につながることになる。

宅地開発規制による人口流入の抑制を行うなど、自らの水道施設を使い続ける方策も選択肢としてはありえた。しかし、各自治体は人口増加を優先し、旧東京市20区が旧15区から分水を受けたように、多摩地域各水道局は東京都水道局に分水要請を行ったのである。

人口増加を促進した要因の一つに、日本住宅公団、東京都、東京都住宅供給公社等により供給され続けていた団地、集合住宅があった。自治体にとって団地は税収増につながる意味では歓迎する事業であったが、一気に増える人口は水道、小中学校の整備を促すこととなり、財政負担に耐えられない自治体は「団地お断り」と開発拒否を表明する自治体も現れた。

3　小林（1977）p.109。小林重一（1905—2005）は1930年、京都帝国大学工学部土木工学科卒。小野基樹の知己を得て東京市水道局へ。オリンピックの東京砂漠時には東京都水道局長をつとめ、利根川導水の端緒をつけたのを機に退任した。自著『東京サバクに雨が降る』には、この頃のことが書かれている。

第 3 節　水回り ── 住宅市場の成立

　日本住宅公団が 1955 年（昭和 30）設立された頃は、1950 年（昭和 25）の住宅金融公庫と相まって、住宅の大量供給を支え、民間でも工業化住宅マーケットが成立し始めた頃だった。住宅行政は、各地に大量の住宅を建築し、それに合わせて住宅の水回りも変化する。

　居住者が増加するにしたがって水需要が増加するが、具体的には台所、風呂、トイレ、いわゆる水回りが消費の場となる。

　現在のようなシステムキッチンは第一次世界大戦後のドイツで住宅難解決のためにつくられたフランクフルター・キッチンである。日本でも戦後住み方調査を行いベストセラーとなった西山夘三の『これからのすまい』には、ドイツのフランクフルト型厨房（1923 年）として紹介されている。これが 1956 年（昭和 31）に日本住宅公団のキッチン設計に取り入れられることになる。

　ステンレスキッチンが公団住宅に登場したのは 1960 年（昭和 35）で、サンウェーブが開発した。流しの明るさは、シリンダー錠と相まって大いに人気を集めた。

　三種の神器も 60 年代に大きく普及した。現在多数普及している洗濯槽の下部に羽をつけた渦巻式洗濯機は 1954 年（昭和 29）に八欧電機（現 株式会社富士通ゼネラル）が、1955 年（昭和 30）に三洋電機が国産で発売し、他社も続々と渦巻き式を販売した。1955 年（昭和 30）の生産台数は 461,267 台、1965 年（昭和 40）は 2,234,981 と 4.8 倍に伸び、普及率も 1956 年（昭和 31）6.5% が 1965 年（昭和 40）67.6% まで伸びた [4]。

　これに併行して、ユニットバス、水洗トイレも大きく普及した。戦後高度成長期は、住宅の大量生産体制が成立したし、個々の住宅の消費水量も爆発的に増加した。

4　大西（2019）p.39

郊外への住宅流入は、住宅におけるライフスタイルの変化と相まって、そのまま水需要の増加に跳ね返った。

第 4 節　多摩地域水道都営一元化過程の開始

　本章が対象とする多摩地域水道の都営水道への一元化（以後「都営一元化」）とは、1971 年（昭和 46 年）に東京都によって策定された「多摩地区水道事業の都営一元化基本計画」に始まり、それまで 1957 年（昭和 32）に制定された水道法に則り、各基礎自治体で営業していた多摩地域各市町水道局が東京都水道局に統合され、東京都水道局が広域水道に移行した過程である。2012 年（平成 24）3 月の三鷹市、稲城市をもって、昭島市、羽村市、武蔵野市を除く 26 市町の都営水道一元化が完了した[5]。実に 41 年かかり都営一元化という東京都水道の広域水道化が実現されることになる。

　都営一元化の過程は平坦ではなかったが、前史も含めれば 4 つの時期に分けることが可能である。「①各自治体による独自水道経営時期（1928 年・昭和 3 〜 1963 年・昭和 38）」、「②東京都から各市への分水時期（1964 年・昭和 39 〜 1969 年・昭和 44）」、「③逆委託方式による一元化時期（1970 年・昭和 45 〜 2002 年・平成 14）」、「④逆委託解消期（2003 年・平成 15 〜 2012 年・平成 24）」である。

　最初に概略を述べると、図表 2 で分かる通り、多摩地域各市町村の多くは戦後独自に水道事業を開始した所から多摩地域の水道問題は始まる。ほとんどは取水源を地下水に求めていたため、人口増大は過剰揚水を招き、地下水位は下降を始めた。このため、多摩地域各市町村は東京都に支援を要請し、その結果東京都水道局からの分水が実現した。しかし、分水

5　一元化に含まれないのは昭島市、羽村市、武蔵野市、檜原村である。昭島市は 100％地下水取水しており都から分水は受けていない。武蔵野市、羽村市は一元化されていないが、都からの分水を受けている。檜原村は都営一元化の対象地域には当初よりなっていない。

料金が特別区に比べ割高であるという、いわゆる「三多摩格差」が問題化した[6]。多摩地域市町は分水料金格差是正を求め、東京都も求めに応じる形で都営一元化を決断した。しかし、都営一元化により各市町の水道局職員給与が都職員に移ることにより下がることから、職員の身分保障を求めるという名目で自治労が介入し、都営一元化は難航した。解決のための妥協策として、一元化を実施するが現場業務を自治体に委託し直すという「逆委託方式」を自治労と都が合意し、都営一元化が始まった。その後、逆委託方式の非効率性が問題となり、東京都主導で逆委託の解消を行い完全一元化するのが、2012年（平成24）に完了した都営一元化なのである。

　都営一元化についてはいくつかの既存研究がある。今村（1985）は、都営一元化を三多摩格差是正の事例として捉え、「こうした統合化が可能となったのは、特別区の存する区域に関してその全体を一つの市と仮象し、それぞれの事業を都の『大都市事業』として処理する方式をとっていればこそであった。その意味において、直接的ではないにせよ、いずれもやはり、特別区制度の存在に『助けられて』現実化しえたものであり、多摩地域の市町村が都制度の特殊性に強く規定されていることを示す恰好の事例である。特別区の存在という都制度の特殊性は、ここから察せられるように、多摩地域市町村を含めて考察する場合には、『特別区と市町村との併存体制』の問題としてとらえ返さなければならないのである。特別区と市町村との併存体制から生ずる最大の問題が、いわゆる『三多摩格差』に他ならない」とした[7]。特別区と多摩地域という二元論に立った上で、特別区に助けられた大都市事業論として都営一元化を捉えた。

　一方、多摩広域行政史編纂委員会（2002）は、「多摩地域には他の市町村では見られない、独特の『広域化』への対処の方式があります。市町村の固有事務とされている消防・水道事業を東京都に委託するという『広域自治体への委託』というやり方です」と記し、逆委託方式を多摩地域から

6　「三多摩格差」という用語は、この他にも道路や下水道整備率など、社会基盤整備が特別区と比べ格差があること全体を含め、地域格差問題として当時盛んに使われた。

7　今村（1985）pp.234-235

都に委託した広域自治体への委託と捉え、そこに多摩地域の特徴を見ている[8]。今村（1985）、多摩広域行政史編纂委員会（2002）共に、都営一元化を事業の特性には踏み込まず、特別区と多摩地域の行政二元論として認識している点では共通している。

　嶋田（2003）は、都営一元化の過程を詳述した上で、二元論ではなく、東京都と多摩地域各市の間における行政ガバナンスの変容過程として都営一元化を解釈した。

　一方、松田（2007）は、水道経営の側面から都営一元化を紹介し、事業の効率化を目指した水道事業の再構築例という点で肯定的に評価しているが、東京都水道局の記述にとどまっている。

　これまで論及されていないのが、首都圏における水資源開発政策と水道政策の関係における都営一元化の意義である。水道は取水～浄水～給配水過程を経て衛生的な水を安定的に利用者に供給する事業であるが、取水を規制する首都圏における水資源開発政策と、水供給過程を規制する水道政策が都営一元化には交錯しており、両者の関係において都営一元化という名前で「広域水道」というアイディアが実現した。都営一元化の「広域化」の背景には、水資源政策と水道政策の両面から、基礎自治体と東京都、国という三層のアクターが存在している。しかし、旧東京市時代の拡張水道による「広域化」と、多摩地域における都営一元化による「広域化」とは、意味内容が異なるアイディアである。

第5節　各市町村による水道経営時代

　多摩地域の自治体水道のほとんどが、表流水ではなく地下水を取水せざるをえなかった原因は、多摩川の羽村取水堰の取水権が旧東京市に帰属し

8　多摩広域行政史編纂委員会（2002）p.4

ており、羽村堰取水のすべては特別区に充てられていたことにある[9]。多摩地域を貫く多摩川の水を多摩地域各市町は利用できなかったのである[10]。

　この取水権制度を前提として開始された多摩地域各市町水道局は、鑿井された取水源と給配水施設・対象が同一市町内にあるコンパクトな形態で営業されていた。1955年（昭和30）の多摩地域人口は約102万人で、各市町の人口も八王子市の148,131人を筆頭に武蔵野市の94,948人、立川市の76,313人と続くが、多くの市は数万人で多摩30市町村の平均自治体人口は約34,000人という規模であった[11]。各市町は独自の地下水源をもち、それぞれがコンパクトな水道を自律的に経営していた[12]。

　この経営環境を圧迫したのが、多摩地域への急激な人口流入である。多

9　ここで取水権は水利権と同じ意味で用いている。水利権とは「河川の流水を含む公水一般を、継続的、排他的に使用する権利と定義することができる。この場合には、河川法のあるなしにかかわらず、農業用水、飲料水などの利用に供するため、河川、溜池、渓流等の公共の用に供されている流水を継続的、排他的に使用している場合には、水利権が発生しているといえる。水利権とはこのように社会実態的に広く使われることがあるが、ここでは河川法の規定によって河川から取水することを認められた権利として水利権をとらえる」とある（水利権実務研究会、2005）。一般に河川法23条によって許可された水利権を許可水利権と呼ぶ。一方、旧河川法（明治29）では、施行以前から主として慣行的に流水を占用していた権利を認めており、これを慣行水利権と呼ぶ。

10　羽村堰は小河内ダムの放流量とダムから羽村堰までの残流域流量を合わせて取水する。水利権水量は22.267m³/sで、かんがい期である5月20日〜9月20日については2m³/sを下流責任放流量とすることが取り決められている（日本河川開発調査会、1984、p.91）。後に述べるが、この2m³の責任放流量は小河内ダム建設時に東京都と川崎市の間で起きた二ヶ領用水の水利紛争（1933年・昭和8〜1936年・昭和11）の調停結果によるものである。この二ヶ領用水紛争の東京側担当者の一人で後に都水道局長となる佐藤志郎は、二ヶ領用水に対する羽村堰水利権の正統性を次のように記述している。「遠い昔にさかのぼって、徳川時代に開鑿した玉川上水の古来の慣行の引入量（水利権）は毎秒四五〇立法尺（毎秒一二・五立方メートル）であることが古文献によって明らかである。つぎに東京市第一水道拡張設計（当時は単に東京市水道拡張設計という。）は大正元年に、又その設計変更は大正五年に、それぞれ市区改正条例により内閣の認可を受けており、東京市区改正設計にもとづく工事施行については河川法の手続きを要せぬということを内務大臣において、はっきり明示している」（佐藤、1960、p.259）。ここに示されたような既存水利権者の強さは現在でも生きており、弾力的な水資源利用を妨げる一つの要因となっていることをうかがわせる。

11　人口については国勢調査データを用いている。断りのない限り以下も同様。また、データの連続性を保つために合併前のデータについては現在の30市町村に集約している。

12　昭和30年当時で100万人規模までは優にカバーできる多摩地域の地下水量は驚異的な量といえる。例えば2011年（平成23）現在、県庁所在地で唯一100%取水源を地下水に依存している熊本市の給水人口は約75万人である。

摩地域の人口は 1975 年（昭和 50）には約 299 万人に達し、1955 年（昭和 30）からの 20 年間で 2.9 倍に増加した。同時期の特別区人口が 697 万人から 865 万人で 1.24 倍の増加であることを思えば、この増加率が非常に高いことがわかる。

　マクロな社会経済動向から見れば、東京への人口集中は、所得倍増計画による産業構造の転換により第二次・第三次産業労働者が集中したことが原因であるが、多摩地域に限定すると人口の社会的増加を受け止めるべく、東京都や日本住宅公団が大型集合住宅を多摩地域に多数建設したことも要因の一つに挙げることはできるであろう [13]。

　問題は戦災時に被害を受けていたとはいえ、ほぼ基本的な社会基盤ができあがっていた特別区（旧東京市）に比べ、多摩地域は 2.9 倍もの人口を受け入れるだけの社会基盤整備が追いついていなかったことであった。虫食いのように土地が買収され多数の住宅が建築されても、それを支える上下水道、道路、学校、病院等の都市基盤整備は基礎自治体が行わねばならない。ここに多摩地域は急激な人口増加に社会基盤を早急に整備する必要に迫られ、それは財政を圧迫した。中でも逼迫したのが水道である。早くも 1961 年（昭和 36）の渇水では多摩地域の深井戸水位が下がり、水源問題が人々に知られるようになった。

　この逼迫を解消するために、多摩地域各市町は新たな水源を求めざるをえなくなった。そこで現実的なアイディアとして浮上してきたのが玉川上水からの分水案だった。1962 年（昭和 37）3 月「北多摩水資源対策促進協議会」が設立され、会長は武蔵野市長の荒井源吉がつとめた。加入したのは武蔵野市、三鷹市、小金井市、立川市、府中市、小平町、砂川町、昭島市、久留米町、調布市、国立町、狛江町、国分寺町、村山町、大和町、東村山町、清瀬町、保谷町、田無町で、玉川上水ならびに玉川上水から分かれている用水の流域市町であった。あくまでも北多摩水源問題解消を目

---

13 例えば、2010 年現在約 67,000 人の人口を擁する武蔵村山市であるが、その推移を見ると 1965 年（昭和 40）の 14,029 人から 1970 年（昭和 45）41,275 人へと 2.9 倍の増加率を示している。1966 年（昭和 41）に入居開始した村山アパート（2,919 戸）が大きなインパクトを与えたと言えるだろう。

指した協力団体であったと言える。協議会の目的は「①水源の取得、開発に関すること。②政府、都、その他への、陳情、請願に関すること。③前各号の外、本会の目的達成に必要なこと」であったが、具体的な1962（昭和37）年度の事業計画としては「①玉川上水および分水路調査、②首都整備委員会ならびに東京都に対して水道事業の水資源（利根川水系開発計画又はその他の計画の利用）確保のための要望を行う」が挙げられた[14]。基礎自治体による協議会として東京都と同じレベルで利根川水系開発計画に言及しているだけではなく、玉川上水分水の可能性を具体的に検討し始めたことは、東京都の水源確保を目的に利根川系拡張事業計画を遂行しようとしていた東京都にとって、三多摩水源の問題を見過ごすことはできないというメッセージを与えたものと想像される[15]。

　とはいえ、この時期、特別区の水道を管轄していた東京都水道局も同じく水量に逼迫していた。小河内ダムは1957年（昭和32）に完成し、2年後には満水となっていたものの急増する水需要に追いつかず、東京都は新たな水源を利根川に求める「第一次利根川系拡張計画」を進めていた[16]。矢木沢ダムに水利権を確保し、利根川の水を武蔵水路を通じ荒川に

14　府中市（1978）pp.291-292

15　多摩水道対策本部の初代本部長となる国分正也は後に「戦後、大方の市町が地下水を頼りに水道事業を開始したが、人口の増加に伴い、水使用は増大し地下水のみではいつまでもやっていけない。切羽詰まって放ってはおけないという状況にありました。一方、近くを流れる多摩川の水を地元に返してもらったらどうか、という感情論的な話がでてきました。都自身、当時は水源不足、施設不足で四苦八苦していた時代で、水道局にとっては由々しい大問題であり、とにかく手の付けようがなかった。しかし、その後市町村側からは、正式に都や水道局へ陳情という形で現れてきました。」と述べている（東京都水道局多摩水道対策本部、1994、p.5）。

16　多摩地域の水源逼迫が争点化した時期には副知事として、後の都営一元化の時期には知事として重要な役割を果たしたのが昭島市出身の鈴木俊一だった。鈴木は1964年（昭和39）の渇水について次のように述べている。「都は早急な対策を迫られ、私は、群馬県には奥利根のダム開発により利根川から、また埼玉県には荒川から水をもらえるように、群馬県と埼玉県の知事に直接お願いに行った。この計画を実現するために、国は水資源公団をつくってくれた。まず公団は、利根川の水を荒川に持ってきて、荒川から都が水をもらうという第一次利根川水利用基本計画をつくった。その計画では、東京都は一日一二〇tの水を利根川から分水してもらおうということになった。しかし、この計画はオリンピックまでに間に合わないので、利根川から荒川に『武蔵水路』をつくり水を持ってくる計画に変更する。水資源公団は一生懸命やってくれた。しかし、それでもどうしても

導水し、朝霞で取水しようというものである。折しも国レベルでは 1961年（昭和 36）水資源開発促進法、水資源開発公団法のいわゆる水資源開発 2 法が制定され、1962 年（昭和 37）8 月には「利根川水系における水資源開発基本計画」（第一次フルプラン）が決定された。ここに、国レベルでの広域水系整備計画が策定されたのである。

　戦前から利根川への水源を模索していた東京都は、国レベルで策定されたこの利根川水系における水資源開発基本計画に参加し「第一次利根川拡張計画」を実現し、水を確保しようとしたのである。しかし、第一次フルプランの当初には、東京都水道局は多摩地域への取水権を手当てしていなかった。

第 6 節　都営水道から各市への分水時代

　北多摩水資源対策促進協議会が設立された翌年の 1963 年（昭和 38）9 月には、北多摩に限らず、多摩地域全体を対象にした給水対策を検討するための組織として「三多摩地区給水対策連絡協議会」が設立され、会長には当時副知事だった鈴木俊一が就任した。第一回協議会には東京都からは知事、水道局各部署、首都整備局、建設局、また多摩地域からは各市町長が出席した。まさに、東京都の主導の下に発足した協議会だった[17]。東

間に合わない。そこで、埼玉県秋ヶ背の荒川岸に堰をつくり、そこから荒川の水をもらい、都が土地を買ってつくる朝霞浄水場からの浄水を東京へ送るというのが次の基本計画だった。しかし、朝霞浄水場の建設がオリンピックまでに間に合わないことが判明し、浄水前の荒川の水を東村山の浄水場へ運び、そこで浄水して都内に配水することにした。この措置で暫定給水日量六〇万 t を配水することができた。」（鈴木 1997、p.190）首都圏水資源制度の整備を東京都として積極的に進めたことがうかがわれる。

17　都営一元化に大きな役割を果たす鈴木が、都と多摩地域の関係について次のように述べている。「なんといっても三多摩は東京市ではないんですから。東京都は府市を合併してつくったんだけれど、やはり市部が行政の中心で、市部においては新しい行政が次から次と行われるが、多摩の方は、東京市と匹敵する市町村があって、その市町村がいろいろな仕事をやるのが第一次責務なんです。東京の区部の方は、東京市というのがなくなって、市の仕事が全部区に行ったのではなく、都が一部

京都は 1965 年（昭和 40）から始まる利根川系第二次拡張計画を変更し、多摩地区への分水も含めるように計画し直した。それは 1964 年（昭和 39）2 月 28 日に第一次フルプランの変更として閣議決定された。三多摩地区給水対策連絡協議会は、この第一次フルプランの変更を織り込んだ上で、利根川を水源とした場合の計画給水量を協議する場であった。しかも第二回幹事会では「拡張事業は都において施行する。浄水で分水方式をとる。上水工水を一体にして給水する。料金は各市町村均一としたい。料金はできるだけ低廉に考えるも、利根川水系のため割高になる」と、その後実現する都から多摩地域各市町への分水事業が説明されている。北多摩水資源対策促進協議会の問題提起から、国レベルの利根川水系における水資源基本計画（フルプラン）の変更と東京都の利根川第二次拡張計画の変更が、タイミングが合ったとはいえ、1 年半という短期間で行われたことになる。

　一般に新規水源の獲得とは、新規水利権の獲得を意味し、その手法も基本的にはダム開発、流域変更、流況調整、水利転換が主となる。第一次フルプランの変更とは、草木ダムと利根川河口堰の区部水道需要の水利権に、多摩地域分水分の水利権を新規に上乗せすることだった。「東京都区部と三多摩地区の需要量に対して不足する水量合計は一日最大 1,540,000m³（17.4m³／秒）」を吸収できる余裕があったことになる[18]。

引き受けてやっている。したがって、区部の行政は区が第一次責務というより、区は東京都の内部団体ということで、都が区に対して市的な立場でいろいろな事業をやってきた。上下水道等はもちろんそうですし、交通機関、地下鉄、都営バス等もみなそうですね。ところが三多摩の方は、そういう仕事は第一次的には市町村の仕事です。そこで水道も、東京都の水道は三多摩の方に水源的に協力をするということを考えてやっておりますね。もともと三多摩が明治二十六年に、神奈川県から東京へ入ってきたんですが、何故入ってきたかというと、東京市の水源は三多摩の方にある。その水源地が東京ではなく、神奈川県だというのはいけない。むしろ、東京市と同じ東京の区域にあるべきだと。そういうようなことから、当時の東京府知事は多摩の気持ちを理解して、三多摩を神奈川県から東京に入れる措置をとってくれたように記憶しております。」（鈴木、1999、p.257）。鈴木自身は多摩地域各市を特別区と同等の基礎自治体と捉えた上で水源地として連携する対象と見ていたことがわかる。

18　東京都水道局（1993）pp.485-500。ちなみに、東京都利根川系拡張事業は第一次から第四次まで及ぶ。

これだけの量の取水権は費用のアロケーション（配分）による相応の負担金を伴い、ダム建設費の負担金あるいは建設後の施設管理の負担金を東京都は受水者であり続ける限り支払うことになる。フルプランを推進する建設省・水資源開発公団にとっても受水者が増えるという点で計画変更を早急に実現する強力な誘因をもっていたものと推測される。

　東京都の利根川第二次拡張事業は 1965 年（昭和 40）6 月に着手され、1971 年（昭和 46）3 月に竣工した。この計画の実現を 1964 年（昭和 39）に軌道に乗せた上で、実施したのが都からの分水事業だったのである。付言すれば、この後、都営一元化の出発点となる都営一元化への試案発表が第二次拡張事業竣工の 10 か月後という点も東京都水道局の計画意図を想像させる。

　三多摩地区給水対策連絡協議会での協議を受け、1965 年（昭和 40）12 月にまず東村山市が都から緊急分水を受けた。分水量は 1 日 68 万 m³。以後 1973 年（昭和 48）まで多摩地域 27 事業体が分水を受けることになり、短期的な水不足は回避されることとなった。

　さらに、この時期、国レベルでも厚生省を中心とした水道広域化政策が進められ始めた。1966 年（昭和 41）厚生省公害審議会水道部会「水道の広域化方策と水道の経営特に経営方式に関する答申」が提出され、これが現在まで続く水道広域化政策の端緒となった。1968 年（昭和 43）には水道広域化に対する補助制度が開始され、それに先立つ 1967 年（昭和 42）2 月 1 日には東京都庁において水道広域化方策について厚生省水道課長が多摩地域各市町村、東京都水道局長、衛生局長が出席し、説明会が開かれている。そこでは厚生省事務官より昭 40 年の水道普及率が 69.7%になり、人口都市集中に伴う配送水管の急激な布設を必要としたこと、そして、「（三）これに伴い従来河川の表流水からの取水がダムに切り替へ多量に取水する必要が生じた為、これに伴う建設費が増嵩し、ために原水単価が従来の数倍にはね上ったこと。（四）水道の広域化に伴い水源確保が遠方になり、ために建設費、導水費が高くなったこと。（五）ダム建設費に伴うアローケーションが水道に率が悪く、建設負担金が高くなること。」

と予算要求を行った旨説明されている[19]。国レベルでの水道政策における取水源確保のための広域化促進が、東京都水道の都営一元化前夜には始まっていたのである。

<h2>第7節 逆委託方式による都営一元化時代</h2>

　東京都水道局から多摩地域の各水道局へ利根川の水が分水、すなわち卸売りされ、短期的な水不足問題は解消した。ところが、新たな問題として浮上したのが、分水料金の格差問題である。東京都水道局から各市町への分水料金、いわば水の卸売り料金が1m³当たり19円とされたが、特別区では1m³当たり14円であった。多摩地域の水道局は従来、水利権負担の伴わない地下水取水で営業していたが、19円の水を都から購入し給水しなければならないため、販売価格である水道料金の値上げは避けられない。現に、立川市では分水の始まった翌年の1971年（昭和46）7月に平均32%の料金値上げを実施している。分水実施者の東京都水道局側は「都の一般家庭の最低料金をもちだして、卸売分水料金の一九円と比較されても、全くの見当違いいわざるを得ない」と、正論と言ってもよい姿勢を崩さなかった。一方、分水を受ける市町村側は、都が給水中止をできないことを見越した上で三多摩格差論を展開し[20]、この分水料金問題を「水

<hr>

19 府中市「水道広域化方策に関する会議記録」(1978) pp.335-339
20 多摩対策本部の初代本部長となった国分正也は自らの著書で、当時緊急分水を行った東村山市が分水料金を支払おうとしなかった件に触れ、次のように記している。「暫定分水とはいえ給水開始に当って水道局は市と暫定分水契約書を文書により取りかわし、種々条件を付しており、その中に料金の支払いに応じない場合は、分水を停止することも可能になっていた。この辺がお役所式だったかとあとで反省するのだが、支払いに応じてくれないからといって、現実には、なかなか分水を中断停止するわけにゆかない。言うべくして行い得ない弱みにつけいって、市側は一立方メートル一九円の分水料金は、都の家庭用料金の基本一立方メートル当り一四円と比べて高すぎる、と全く見当違いの論をもちかけ、聞く市民、住民の感情を昂ぶらせ、まどわせたのであった。そもそも当時都の平均一立方メートル当たりの原価は三九円余であった。この原価を回収する手段として、料金を条例で定めているのであるが、家庭用は一ヶ月一〇立方メートルまで一四〇円であり、一立方

資源の安定確保という目的で始められた分水事業が、皮肉なことに料金面における"三多摩格差"をさらに広げる結果となった」と称した市もあった[21]。この分水料金格差問題は、当時多摩地域住民を中心に展開された三多摩格差問題として争点化されていった。

　折しも 1967 年（昭和 42）4 月、都知事は美濃部亮吉に交代した。革新都政となり、第二次利根川系拡張事業を軌道に乗せた鈴木俊一は一旦都政から離れることになる。美濃部は三多摩格差の是正を公約に掲げていたこともあり、美濃部就任に合わせるように、北多摩水資源対策促進協議会は 1967 年（昭和 42）8 月、1968 年（昭和 43）年 3 月、1969 年（昭和 44）3 月に三度にわたり都知事に格差是正の要望書を提出した。

　美濃部の側は、水道事業巨額赤字問題とそれに伴う水道料金値上げ問題への対応に苦慮したが、東京都水道事業再建調査専門委員会（議長：高橋正雄）は 1968 年（昭和 43）7 月に「東京都水道事業再建調査専門委員会第一次助言」で三多摩格差が問題であることを指摘し、「これらの問題の解決の途はただひとつ、三多摩地区の水道を統合して広域化し都水道として都営で経営することである。広域化は政府も推奨しているし、環境衛生審議会の厚生大臣あて答申（昭和 41 年 8 月）『水道の広域化方策と水道の経営とくに経営方式に関する答申』もその主旨のことを述べている。広域化の利益は列挙すれば次のとおりである。a 水資源の確保を一体的に行いうる。b 経営が合理化される。（施設や人員の節約など）c 配水が技術的に容易になる。d 水量を彼此融通しえて合理的になる。e 料金格差が将来解消する。f 各市町村の連帯感が強くなる。広域化には各市町村が協力して、その経営権を都に委譲する必要があり、都と同時に各市町村の英断を望みたい。」と、2 年後に提言されるその後の都営一元化と同様の内容を、

メートル当りでは一四円となる。然しその反面、多量使用者の超過料金等には一立方メートル当り四五円のものもあれば五〇円のものもあって、平均して三九円余の原価が回収される仕組みになっているのである。」（国分、1979）都も原価を大幅に下回る価格で分水していたことになる。

21 立川市水道部（1985）p.115

22 東京都水道事業再建調査専門委員会（1968）pp.22-23

三多摩格差解消という文脈で提案したことは注目に値する[22]。さらに、厚生省が1967年（昭和42）に設けた広域水道についての補助金を意識していることも、国レベルの水資源開発と広域水道促進政策の補完を東京都が活用しようとしている点で興味深い[23]。

　一方、各市町もこの格差是正問題を早急に解決する必要に迫られていた。各市町は料金値上げを行わねばならず、その上人口増加は続いており、新たな取水権を確保しなければならないことは容易に想像された。そこで、この課題を協議する機関として東京都市長会会長であった鈴木平三郎三鷹市長が主導し、北多摩水資源対策促進協議会の拡大版として「三多摩市町村水道問題協議会」が市長会において1969年（昭和44）1月設置された。多摩全域の市町村を会員に、会長には八王子市の植竹圓次八王子市長、副会長には後藤喜八郎武蔵野市長と富澤政鑒多摩町長が就任した。9月には、分水料金を23区並の14円にしてもらいたいという要望を旨とした「三多摩市町村水道事業の格差是正等に関する陳情書」および同請願書を提出した。また東京都も1969年（昭和44）2月3日、美濃部都知事が東京都水道事業調査専門委員会（議長：高橋正雄）に対し「三多摩地区と二三特別区の水道事業における格差の是正のためにどんな措置をとるべきか」について諮問した。

　既に1968年（昭和43）に都営一元化の方針を固めていた高橋委員会は、1970年（昭和45）1月に「東京都三多摩地区と23特別区部との水道事業における格差是正措置に関する助言」を提出した。この助言は「東京都は三多摩地区市町村営水道事業を吸収合併し、区部水道事業とともに一元的に経営することによつて、水道事業における格差を解消する方途を講ずるべきである。なお、実施にあたつては、市町村の事情を個別に勘

---

23 『厚生省五十年史記述編』では次のように述べられている。「昭和四十二年度から、著しく先行投資的なダム、著しく高額となるダム及び行政区域を越える広域水道については補助金が交付されることとなった。この補助制度によりダム等の水道水源開発開発施設（水資源開発公団分を含む）の整備に要する費用に三分の一の補助が、水道の広域化のための施設整備に要する費用に四分の一の補助が行われるようになった。」厚生省五十年史編纂委員会（1988）pp.1132-1133

案して、段階的、漸進的に行うことを考慮すべきである。」というものであった[24]。重要なのは、事前に調査ならびにヒヤリングを行った結果、多摩地域各市町のほとんどが公営水道の都営一元化を望んでいたという点である。さらに、この方針が既に厚生省により示された水道広域化政策を意識されたものであったことは前述の通りである。さらに、厚生省によって多摩地域の流域下水道化も進められていた。

　この助言を受けて、東京都では1970年（昭和45）7月、水道局内に「多摩水道対策本部」を設置し、1971年（昭和46）12月には「多摩地区水道事業都営一元化計画」を発表した。各市町の水道資産は都に移管され、職員は都の職員として引き継がれるというものだった。ここに都営一元化は開始されると見えたが、計画発表されると同時に労働組合から各市町職員の身分問題が提起された。各市町の水道局職員が東京都水道局に合併されると給与が下がるとして、この問題を労働問題として争点化したのが全日本自治団体労働組合、いわゆる自治労である。都営一元化が成立す

---

24 その理由としては、第1に三多摩市町村が一元化を希望している点、第2には「一元化のための積極的な根拠」として次のように記している。「三多摩地区の人々の一元化論は、水道事業経営の任にあたる人々の場合も、需用者にあたる人々の場合も、その立場と生活からいつてもつともなことではあるが、どちらかといえば現在困つているから、また、将来の見とおしがないからという根拠にもとづいている。その意味できわめて現実的である。しかし、一元化には積極的な根拠もじゅうぶんにある。三多摩地区と特別区部とは、歴史的には、いわゆる郡部と市部としてそれぞれかなりの程度において別個のものであり、両者の間には必ずしも密接な関係はなかつた。しかし今日では輸送、交通、営業、就業、学校の面、さらにその他の生活面も含めて、両者はきわめて密接な関係にある。ここで次のような想定をしてみよう。（イ）三多摩地区と特別区部は現在のように密接な関係にある。ただし（ロ）水道事業はまつたく存在しない。そこで（ハ）水道事業をはじめることが決定された。（ニ）そのために使つていい技術、施設、材料および人員は、両地区において現在使われているものの総体である。そして、（ホ）コンピューターその他の情報処理の技術を自由に使つていい。このような条件のもとで、いわば白紙の上に都全体の水道事業を植えつけることになつた場合、その経営方式として多元主義によるか一元主義によるかという選択の問題が提起されるだろうか。そういう問題提起はなされずに一元主義が採用されるであろう。（中略）それは、都民生活の一体化にもとずく都民の連帯精神という点から、また水道事業のための人的および物的資源の合理的な使用と適正な配分という点からまつたく自明のことだからである。さらに東京都全体の水資源対策を含めて水道事業の将来の問題と取り組むという点からも一元化には積極的な根拠があるといつていいであろう。」（東京都水道事業調査専門委員会、1970、pp.7-8）

ると、28市町の約1千人におよぶ自治労組合員が、東京都水道労働組合
に吸収されてしまうという組合内部の問題でもあったと推測される。自治
労幹部、東京都の折衝により、自治労側から出された提案が一元化後に業
務を各市町に委託するという「逆委託」であった。この案で1973年（昭
和48）9月、東京都と自治労の間で合意が成立し、逆委託による都営一
元化計画が成立した。各市の水道関連資産は都に引き継ぐ一方、「都は統
合市町地域にかかる営業、給水装置、浄配水施設の管理および小規模施設
の建設などの業務を当該市町に委託する」とし、各市長の水道職員は都に
身分を移動しないことになる。逆委託方式は、各市から都への水道事業委
託という自治体間の連携の結果ではなく、実態は労働組合問題解決の手段
としてつくられた制度であったことを確認しておきたい。

　以後、1973年（昭和48）小平市、狛江市、東大和市、武蔵村山史の第
一次統合から、2002年（平成14）三鷹市の第九次統合にいたるまで29
年にわたり逆委託化方式による統合が進んでいくこととなる。

第 8 節　逆委託解消時代

　1996年（平成8）青島都知事時代に策定された「東京都行政改革大綱」
は景気低迷による都財政の深刻化を背景に行政改革を目的とした大綱だっ
た。この中で、組織効率化の推進事項として「多摩地区水道経営のあり方
と執行体制の検討」に言及され、「統合一元化の状況や市町への業務委託
の状況を踏まえ、多摩地区水道経営のあり方について、その執行体制も含
めて検討する（平成10年度検討）」とされた[25]。この頃から逆委託化の見
直しが俎上に上り始める。

　翌年の1997年（平成9）には概ね四半世紀を意識した水道政策の基本
指針として「東京水道新世紀構想」が策定された。その中で、多摩地域水

---

25 東京都企画審議室行財政システム改革担当（1996）p.59

道には触れられていないものの、水需要の鈍化減少を背景にしながらも、安定水源の確保、施設能力のゆとりの確保、渇水時でも公平で効率的な送配水システムの構築、安全でおいしい水の供給があげられている[26]。既得取水源は確保しつつ施設・管路更新は余裕をもたせ、経営の効率化を行うことを旨とした方針である。

　国レベルでも 2001 年（平成 13）には水道法が改正され、第三者委託への道が開かれ、2003 年（平成 15）には地方自治法が改正され指定管理者制度が導入された。

　こうして水道経営の効率化手段が制度として整ってきた 2003 年（平成 15）6 月に、逆委託方式の解消を目指した「多摩地区水道経営改善基本計画」が策定された。ここで事務委託方式（逆委託方式）による運営の限界として、25 市町個別に管理運営されているため①公営企業としての効率的企業経営が困難、②広域水道としてのメリットの発揮に限界があるとされた。そして事務委託を解消した効果として①お客さまサービスの向上、②給水安定性の向上、③効率的な事業運営の 3 点が謳われた。給水安定性は維持しつつ、広域水道の効率化を進めていくために逆委託を解消していくというものであった。また、逆委託解消が水道効率化という文脈で生まれており、その実現手段として業務の外部委託は大きな役割を果たしていたため、逆委託状態は東京都としても解消する必要に迫られていたと推測される。この計画を実施するためには、各市町水道局の職員を減員し東京都に移行させることが必要であったが、各市町の財政状況の悪化もあり、大きな抵抗もなく協議は終了した。以後、徴収系業務、給水装置系業務、施設管理系業務の三業務に分け、漸次事務委託廃止が行われ、2012年（平成 24）3 月をもって 25 市町の一元化が完了した。

　1993 年（平成 5）11 月に開催された「歴代多摩水道対策本部長による座談会」に出席した菊田精は「一番問題と思われるのは、現行の逆委託方式では受託市町側が基本的に収益と費用が対応していないことです。従っ

---

26 東京都水道局経営計画部計画課（1997）

てコスト意識が持ちにくいということから、どうしても市町側には、経営
意識が少ない感じは否めない」と述べているが、外部委託も含めた効率化
を導入せざるをえなかったことからこの逆委託問題は解消に向かったので
あった[27]。

第9節　都営一元化過程の時期区分

　多摩地域水道の都営一元化過程を東京都―多摩地域間関係で大きく4
期に分けて詳述した。この4期の区分は、取水源を確保するための国レ
ベルの「水資源開発」、ならびに国レベルの「水道広域化」との関係から
見ても、この4期に分けられることが明確となった。すなわち、多摩地
域の水道は都営一元化という形で一貫して広域水道化していったが、その
広域化は国レベルでの水資源開発政策と広域水道促進政策の中で東京都
水道局が協力しつつ進んできたといっても間違っているとは言えないだ
ろう[28]。この4時期毎に広域化の目的、水道事業の内容、取水と給水間の
関係、アクター、課題、課題解決のために設置された制度・計画という6
点の特徴を整理した（表2）。

27　東京都水道局多摩水道対策本部（1994）p.19

28　参考ながら、下水道についても上水道と同様の広域化が進んでいる。多摩地区の場合、各市町が運営
する公共下水道と、都が運営する流域下水道（広域下水道）の棲み分けがなされ、8の処理区が運営
されそのうち7処理区は多摩川水系に排水している。この流域下水道整備の端緒は1963年（昭和38）
10月の「三多摩地区環境整備対策連絡協議会」の設立で、会長は副知事、下水道幹事会は首都整備局
が主宰した。上水道の三多摩給水対策連絡協議会設置の1か月後で、上下水道の広域化への軌道がこ
のタイミングで出発し、それを補助する水道行政が実施を補助していった。

表2　都営一元化過程の時期区分

	第1期 1928年（昭和3）～ 1963年（昭和38） 市町水道時代	第2期 1964年（昭和39）～ 1969年（昭和44） 都から各市町への分水時期	第3期 1970年（昭和45）～ 2002年（平成14年） 逆委託方式による都営一元化時期	第4期 2003年（平成15年）～ 2012年（平成24） 逆委託解消による完全都営一元化時期
広域化の目的	安定給水（多摩）	安定給水（多摩、東京都）	安定給水（東京都）、三多摩格差の解消（多摩）	安定給水、業務効率化（東京都）
事業内容	各市町村が独自に水道を設立し、市内さく井の地下水に浄給水原価を付加し、市民へ給水（多摩）	都からの分水金額に給水原価を付加し市民へ給水（多摩） 利根川、荒川、多摩川等の表流水を東京都水道局で浄水し、多摩地域に分水（東京）	利根川、荒川、多摩川等の表流水を東京都水道局朝霞浄水場で浄水し、多摩地域に給水（東京）	給水人口・給水量共に減少する中、安定給水を確保したまま、経営の効率化を実施（東京）
取水と給配水の関係	地下水源については法規制が無いため各市町村が自由に揚水。この背景には、多摩川ならびに玉川上水の水利権を東京都がもっていたことにあった（多摩）	多摩地域市町が東京都からの分水を購入する 東京都は利根川の取水権を確保。水資源開発公団等に負担金を支払う（東京都）	東京都は利根川の取水権を確保。水資源開発公団等に負担金を支払う。一方、多摩地域への給配水の事務を各市へ委託（東京都）	東京都は利根川の水利権を確保。水資源開発公団等に負担金を支払う。一方、多摩地域への給配水の事務の各市へ委託を解消（東京都）
アクター	多摩地域各市町水道局と水道利用者の二者関係	①多摩地域各市町、②東京都、東京都水道局、③水資源開発公団、建設省、首都圏整備委員会、厚生省	①多摩地域各市町、②東京都、東京都水道局、③水資源開発公団、建設省、厚生省、④自治労	①多摩地域各市町、②東京都、東京都水道局、③水資源開発公団、国土交通省、厚生労働省
課題	多摩各市町の人口増加・過剰揚水に伴う地下水位の低下、新水源の開発（多摩）	新水源の開発（多摩） 多摩市町からの分水要求への対応と、利根川水利権の確保（東京都）	新水源の開発（多摩、東京都） 分水料金の格差是正、水道局員の身分保障（多摩）	効率的経営の実現（東京都）
課題解決のために設置された制度・計画	北多摩水資源対策促進協議会	利根川系第二次拡張計画（東京都）に多摩地域各市を組み入れるための三多摩地区給水対策連絡協議会。 水道の広域化方策と水道の経営特に経営方式に関する答申（厚生省） 利根川水系における水資源基本計画の一部変更	三多摩市町村水道問題協議会 東京都水道事業再建調査専門委員会 東京都水道事業調査専門委員助言 多摩地区水道事業の都営一元化計画 水道の未来像とそのアプローチ方策に関する答申、水道法改正（厚生省） 第二次～第四次利根川水系水資源開発基本計画（第三次より荒川水系追加）	多摩地区水道経営改善基本計画 地方独立行政法人法制定、地方自治法改正 水道ビジョン（厚生労働省） 第五次利根川・荒川水系水資源開発基本計画

　取水給水関係、アクター、制度・計画を軸に4時期を見ると、広域化の目的が安定給水から格差是正を経て、安定化と効率化に移行していくことがわかる。この過程から浮かび上がるのは、都営一元化が多摩地域各市水道局と東京都水道局の間でなされた水平的な合併というよりは、首都の水不足解消を目的に「国・東京都・多摩地域各市の三層の首都圏における水資源利用秩序」が、広域化という名の下に「国・東京都の二層の水資源利用秩序」に組み込まれ再編される過程であるといった方がより正確である。なぜなら、水の逼迫という早急に対処せざるをえない課題に直面したとはいえ、多摩地域各市町、東京都とも足並みを揃えて国土開発レベルで首都圏水資源開発に参加し、水道の広域化という厚生省の用意した広域水道化補助メニューを利用し、短期的な渇水の不安が消滅した後も首都圏水資源開発と水道広域化促進は互いに補完しあっていると評価できるからである。

　広域化の意味する内容も、第1期～第2期は、水の逼迫を解消するための安定給水を実現するための手段であって、水資源開発政策と水道広域化誘導政策に誘導されたキーワードだった。これが第3期～第4期になると、三多摩格差解消論を途中含みながらも、安定給水を第1に目指した上での効率化を意味するようになる。逆委託解消は効率化がより強く意識された結果東京都水道局により遂行されたものだったが、その前提には給水量減少にもかかわらず既存取水権の確保にあった。

　このような国レベルでの首都圏における水資源開発政策、具体的には「利根川水系における水資源基本計画」後には「利根川・荒川水系における水資源基本計画」と、厚生省による水道広域化促進政策の結果として首都圏という広域で機能している水道水の取水から給配水にいたる秩序は「首都圏生活水利秩序」と呼ぶことが可能だろう。

　首都圏における水資源開発事業は現在も続いているが、首都圏生活水利秩序においては、水需要に応じた開発水量の変更は硬直的であり、水利権負担に関する情報もけっして透明度が高いとはいえない。このような上位の水資源政策に大きく拘束された環境で、東京都水道局の水平的統合によ

る広域化によって給水人口 12,643,479 人（2010 年）の巨大水道が誕生したことになる。巨大な受益者が誕生したことが硬直的かつ垂直的な首都圏生活水利秩序全体の効率化を促す交渉力をもち、水利の多様化への適応を促すかどうかは、東京都水道局の課題といえる。

第 10 節　多摩地域給水のアクターの変化

多摩地域水道の都営一元化過程における四つの時期区分において、多摩地域への取水から給配水のプロセスにおける経営主体は以下のように推移した（図 2）。

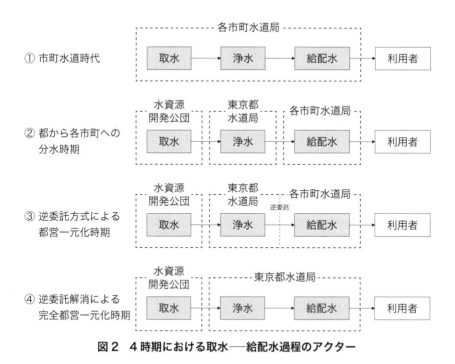

図 2　4 時期における取水──給配水過程のアクター

　市町村水道時代は取水源も給配水対象も同一市内にあり、すべての過程を水道局が管理することができた。都から各市町への分水時期になると東京都水道局が浄水した水を各市町水道局が分水したが、その取水源は利根川であり東京都が取水権を負担した[29]。

　第3期〜第4期は、三多摩格差是正という名目の下で採用された逆委託方式により始まった都営一元化が、一元化を終了後、逆委託方式を解消した過程であった。この間、都の水道需要は1992年（平成4）にピークを迎えるが、以降は減少を続けている。2009年（平成21）時点で水源確保量と1日最大配水量は108万m³／日のギャップがあることになる。水源確保量、即ち水利権負担は従量制ではないため、給水量の減少は経営の悪化に直結する。このような背景の中、公営事業への第三者事業者の参入が水道法改正で認められたが、逆委託の状態では第三者委託は不可能であった。硬直的な水資源開発政策の中で、広域水道の効率化は不可欠であったと考えられる。

第 11 節　郊外化における広域化の意味 ── 制度複合

　人口が膨張し郊外化が進むと、広域化という政策アイディアが生まれてくる。上水道については既述の通り実施され、下水道は広域下水道が生まれた。人口膨張に対し、東京の土地利用コントロールを手段に人口一極集中を抑制する選択肢も現在から考えるとあったはずである。しかし、東京都と国はそれをアジェンダとしてセットすることもせずに、目前の人口膨張を、「増える人口に社会資本整備や行政サービスが追いつかない」とい

29　水利権負担は消費水量に応じて利用料を支払う従量制ではない。あくまでも認められた水利権金額を管理費などの名目で固定費として支払っている。工業用水においては利用者がこのような固定金額を支払うしくみを責任水量制と呼んでいる。現在、東京都は利根川水系については矢木沢ダム、下久保ダム、草木ダム、奈良俣ダム、渡良瀬遊水池、埼玉合口二期、利根川河口堰、霞ヶ浦開発、霞ヶ浦導水、北千葉導水路、浦山ダム、荒川調節池、に安定水利量42.022m³／秒、暫定水利量15.544m³／秒を確保している。(日本水道協会、2010)

う格差問題と捉えた。

　人口膨張をもたらした大きなアクターだった当時の日本住宅公団、東京都住宅供給公社は、政府による持ち家政策の実施部隊であったし、住宅工業化による景気牽引のアクターでもあった。このように経済的・政治的市場が膨張する際には、土地・住宅関係者は住宅の供給、地域の開発事業、社会基盤整備といったいくつもの制度と複合し、相乗効果を生み、都市化レジームとして機能していったと言える。

　このような広域化は人口減少期の現在も生きている。水道政策にとって、高度成長期に端を発する広域化は現在にいたるまで効率化をもたらす政策用語として生き続けている。多摩地域各市町が第2期にあって、都営一元化を東京都と共に進め、異議を唱えなかったのは、広域化が安定給水を保証すると考えたからだった。即ち、首都圏生活水利秩序の中で強力な水利団体をつくるためだったと言っても間違いとは言えないだろう。

　そして、現在まで安定給水を第一目標に、多摩地域水道は首都圏生活水利秩序に組み込まれ、各市も人口が減少し税収が落ち込む中、都営一元化の逆委託解消にほとんど異議を唱えなかった。ここでは安定給水が効率化と結びついていた。

　利根川・荒川水系水資源計画は現在も第五次計画が2015年（平成27）を目途に続いている。東京都は取水者として配分されたダム等の建設資金、管理費用、ならびに水源地域対策特別措置法事業、水源地域対策基金事業、利根川荒川水源地域対策基金に費用を負担し続けている。多摩地域は都営一元化を通して首都圏生活水利秩序に組み込まれ、かつ約403万人という給水人口（2009）を抱えた大規模プレイヤーになったのである。

　多摩地域水道は、膨大な地下水を蔵しながらも、東京都との水平的な広域化のみならず、首都圏生活水利秩序という垂直的かつ硬直的な関係における広域化の二つの広域化のデザイン主体にならざるをえないのである。これが多摩地域水道の特性であり、多摩地域水道をデザインする上での歴史的な視角である。

人口減少期の東京郊外という制度

　以上の首都圏生活水利秩序と、多摩地域に求められる二つの広域化は、人口増加局面において生活用水の急激な増大に特化して求められ、自治体、都、国の3層で構築された制度であるといえる。しかし、人口減少局面ではこれら制度が維持できるか極めて不確実である。

　現在、世界の水資源管理思想においては、統合的水資源管理（IWRM：Integrated Water Resources Management）が主流となっている。世界水パートナーシップ（GWP）による「水や土地、その他関連資源の調整を図りながら開発・管理していくプロセス。その目的は欠かすことのできない生態系の持続発展性を損なうことなく、結果として生じる経済的・社会的福利を公平な方法で最大限にまで増大させること」という定義が一般に用いられている。海外では人口増加における淡水逼迫が課題であるのに対し、日本の場合は余剰水がある中で温暖化と人口減少、産業転換に適応しなくてはならない。日本も IWRM を「総合的水資源管理」と修正し、2008 年（平成 20）に中間とりまとめを公開する等、これまでの水資源開発政策の政策転換を模索し始めている[30]。

　IWRM は水循環の維持とそれぞれの循環場面における多様な利用を適合させていこうという管理思想と解釈してよい。日本において統合の対象とは水資源政策、上下水道政策、農業用水・工業用水政策、環境政策、まで含まれる。対象となる水資源も単に河川や湖沼のみならず地下水も対象となり、土地計画や地下水涵養量も計画の対象となりうる。かつて 100 万の人口を養った豊富な地下水資源を抱える多摩地域も無縁ではない。

　今後、水道について言えば、多摩地域水道の管路の更新コストは増加する一方、給水人口の減少や有収水率の低下などが課題にとなるだろう。安定給水と効率化が結びついた「広域化」は、人口減少に直面した時、水道

---

30 園田（2009）

の更新コストをどう負担するか、問題となる。民営化が効率化を保証するものではないし、効率化の名の下、利用者に値上げを課せばすぐに水道公営化に戻る運動が始まるだろう。現代の民営化水道で起きているだけではなく、東京でも大東京市時代の民営化水道でも起きた教訓である。

　水循環の維持と水利の適合という観点では、例えば、食料生産を近郊で行おうという産業政策が現実味を帯びてくると、土地の用途転換や安価な農業用水の供給が求められる可能性も否定できない。これまでは農業用水の生活用水への水利転用が行われてきたが、今後は生活用水の水利転用や、東京都と近隣県との間の渇水期以外の柔軟な水の融通も必要となってくる。さらに大量の地下水の保全と利用の管理も多摩ならではの課題であろう。

　こうした様々の課題は、どれも東京特別区への人口一極集中が鈍化し、混雑状況が顕在化した時、都市範囲を狭め、密度を低くするような成長抑止へのレジームチェンジを必要としたときに明確化する。

　東京都水道局のような大規模事業者が、水循環を維持し、IWRM のアクターになりうるかどうかは、このような成長抑止の理念アイディアを、実現に導く技術・アイディアシステムに転換させられるかによる。

　郊外化は、都市化の従属変数に過ぎない。現在の都市化システムを構成するアイディア群から成るレジームは、変化させることができるのか。それを判断するには、多層に関係した都市開発アイディアと水開発アイディアのダイナミックな経路を見直さなければならない。

第5章

脱・水都化―道路と水路の立体利用

第 **1** 節　人口増加で生じる排水問題と脱・水都化

　近代水道創設時に、下水道に先駆けて先行敷設された上水道は 1898 年（明治 31）に淀橋上水工場より神田・日本橋方面に通水開始され、以後順次続いた。そして、旧上水（玉川上水）は 1901 年（明治 34）に廃止された。

　東京市の人口膨張は続き、上水道が拡張対応し続け、それは大東京市 35 区（ほぼ現在の特別区）に対しても続き、その終了は戦後の 1960 年（昭和 35）まで続くことになる。

　人口が増加するにしたがい、利用者のライフスタイル、水消費パターンも変化する。大正時代にはまだ蛇口が各家の中に届いていたのは中心部で、共同栓が多かった。利用者は共同栓で水を汲み、それを家に持ち帰ったが、それでも旧上水時代に比べれば汲む回数も多くなった。そして蛇口も増えていった。

　このように上水道の普及率が上昇するに従って、雨水だけではなく、生活排水、し尿といった排水も増加する。これはどこへ排水されるのか。

　旧東京 15 区の地図を見ると、明治後半〜大正・昭和戦前期には、中央区、江東区、墨田区から山の手にかけて、多くの水路が残っていた。川で言えば隅田川、荒川放水路（明治 44 年着工、昭和 5 年竣工）、中川、江戸川、また中小河川で言えば神田川、小名木川等。それに外濠、内堀、運河が網のようにつながっていた水都であった。山の手地域も坂の下に自然にできた排水路が川につながっていた。排水も、そうした身近な水路に排出していれば問題なかった程度の量であっただろう。

　しかし、人口が増えれば、下水道の整備は問題となる。ロンドン、パリといった都市は上水・下水が並行整備されていたが、東京の下水道は、限られた財源の中で、整備は遅々として進まなかった。

　その間に三つの危機に直面した。

　第 1 は、工場を中心とした地下水の過剰揚水により、地盤沈下が発生

し戦後を跨いでいわゆる江東デルタ地帯に高潮対策と水利対策を行わねばならなくなった。ここに工業用水のアイディアがもちこまれ、商工省、通産省の水が持ちこまれることとなる。同時に、この範囲は流れが澱み、ポンプによる強制排出を強化せねばならなくなった。

　第2は、戦争からの復興過程で発生した「残土」を処理するために、排水路の役割を果たしていた多くの堀・水路が埋められたことである。ますます排水路が減っていった。

　第3は、昭和30年代の急速な人口の膨張と下水整備の遅さの結果として生まれた公害である。都市河川はドブ川となり、隅田川は死の川と言わるまでになった。

　この昭和30年代になって、下水道整備は急ピッチで進み始める。転機はオリンピック開催に伴う首都改造だった。

　昭和30年代になると、都市には車が急増し、道路整備が必要であったし、道路と共に下水道整備を急ピッチに行わなければ、公害による水質を改善する選択肢はなかった。

　ここで出されたアイディアは、ドブ川化した都市河川を暗渠化・覆蓋化し、排水路として用い、上部は道路や公園として用いることだった。こうなると、どこまでが河川で、どこからが下水道なのか、不明確になってくる。川を下水道に転用する、その境界をつけたのが下水道局の36答申だった。これにより、当時ドブ川化していた排水の流れや都市河川は埋め立てられ、少なくとも当時の都民はそれを反対運動が出ない程度には受容し、正統化させていった。

　道路、さらには公有水面の上空・地下を立体的に活用する方法は、それまでの「平面的に」捉えられていた都市計画には無かったアイディアだった。この「立体利用」アイディアに大きな役割を果たした一人が、東京都首都計画局長でオリンピックの都市改造に辣腕を振るった山田正男である[1]。都市中小河川の下水化と道路整備、さらには都市改造は多数のアクターが足並みを揃えて進んだが、この流れを山田のアイディアの中で解釈することには意味があると思われる。

上水道は既述の通り、拡張を重ね、利根川水系・水資源開発公団と結びつき、第二次東京水道拡張事業以降は、利根川を水源とする拡張を続けていった。多摩地域もそれに包含されていった。取水源の河川・水資源と上水道の複合発展が、高度成長期の上水道だった。

　一方下水道は、高度成長期に整備が本格化した。それは道路・都市計画事業と下水道の複合であった。

　本章では、以上のような問題把握の視点から、東京における下水道と都市化の複合過程を明らかにする。

第 2 節　地盤沈下と工業用水

　昭和20年代になると東京湾岸部、いわゆる江東デルタにおける地盤沈下が問題になるが、沈下の始まりはもっと古い。1918年（大正7）に観測を開始した江東区南砂2丁目の水準基標の累積沈下量は1973年（昭和48）頃まで急速に沈下し、その後安定を取り戻し、2020年現在4.5046mとなっている。地下水位も最悪時だった約-38m近辺から現在では-10m以下となっている[2]。この推移は江東区、墨田区、江戸川区、足立区、板橋区の観測点もほぼ同様の推移をたどっている。この原因は、工場等が生産用水を鑿井し過剰揚水を行ったために起きた公害であった。

　戦後の1956年（昭和31）工業用水法の地域指定を行い、ビル用水法の地域指定、といった揚水規制を行うにつれ地盤沈下は底を打つこととなる。とはいえ、急速な沈降期間が約50年近く続いたわけで、東京湾岸、荒川、隅田川に囲まれた土地の住民は高潮堤防に囲まれ、水面より下とい

1　山田正男（1913-1995）東京帝国大学工学部卒業後、内務省入省。防空総本部、戦災復興院、経済安定本部等を経て、1955年東京都建設局計画部長、1960年東京都首都整備局長等を経て、1971年首都高速道路公団副理事長、1977年同理事長。東京の都市計画分野では石川栄耀の後を承けて、安井都知事〜美濃部都政の間、高度成長期の都市改造に大きな役割を果たした。

2　東京都土木技術支援・人材育成センター（2019）p.17

う脆弱な場所で暮らさざるをえなくなった。

　東京は水害に弱い。水害に見舞われる頻度は高かったが、中でも明治43年の大水害（関東大水害）と大正6年の大水害・高潮は東京市民の記憶に留められていたと思われる。

　明治43年の関東大水害だが、1910年（明治43）8月に台風が三宅島を通り過ぎ、8月6日から11日の5日間の雨量は山岳部で300-700mm、平野部は200-500mmに達した。六郷川（多摩川）、利根川、荒川が決壊し東京市は被害を受けた。死者行方不明者は1,379名、浸水家屋518,000戸に達した。

　大正6年の大水害・高潮は、1917年（大正6）9月30日夜半沼津付近に台風が上陸し北上した。最低気圧952.7hpa、東京の最大風速39.6m/sであった。30日夜半倒壊家屋が続出し、河川氾濫、出水が著しかった。さらに、10月1日夜半に高潮が2回に渡り襲来した。砂村、月島、州崎、羽田、築地等の湾岸は甚大な被害を受けたが、高潮の高さは月島で道路上1.2m、州崎では道路上1.8mに達したという。死者行方不明は1,324名以上。負傷者2,022名。建物全壊36,459戸、建物半壊21,274戸、建物浸水302,917戸の被害が出た[3]。

　こうした水害に見舞われているだけに、高潮対策は市民にとっても喫緊の課題と意識されていたと思われる[4]。

　この地帯はその後高潮対策がなされていくが、その背景には工場群の過剰揚水に伴う地盤沈下があった[5]。

3　テクノバ災害研究プロジェクト（1993）を参考

4　これら二つの水害も、2015年以降の台風の強さ、降雨量は驚きが失われたかもしれないが、浸水被害や風害という被害量には驚かされる。

5　『江東区市』によると、「改良下水のない城東地区はとくに年年地盤沈下がつづいているため現在河川水面の方が二メートルも高くなっている状態である。したがって地区全部の下水は現在排水ポンプによって外部の河川に排水しているものである。寸時でもこれが停止すると下水がはん濫して交通に支障をきたすとともに工場地帯である本区の機能が停止してしまうので日夜排水が行われている」江東区役所（1957）p.627。この記述の1年前の1956年（昭和31）に工業用水法、1958年（昭和33）に工業用水道事業法が制定され、東京都水道局による1963年（昭和38）工業用水事業開始につながることとなる。

第 3 節　残土処理による水面埋立

　戦災による東京の被害は大きかった。戦後復興事業として残土（残骸、
焼灰、焼土）処理をしなければならなかった。それをどうしたか。
『東京百年史』の記述が詳しいので引用する。

　　たとえば戦災跡地の膨大な焼土（これを残土と読んだ）の処理に例を
　とると、手近な河川にほとんど無計画に投入することが残土処理であっ
　た。当時としたならばトラックなどの輸送手段の事情から、これがもっ
　とも手っとり早く能率的な作業といえた。また埋立てによって細長いな
　がらも新しい公有の土地が造成されることも利点のひとつにされた。
　　しかしこの作業は江戸の成立以来、約三〇〇年間にわたってこの大都
　市の物資流通の大動脈を形成していた河川を寸断する結果になった。下
　町一帯に網の目のようにめぐらされた水路とその両岸はすべて流通の幹
　線であり、ターミナルであった。（中略）
　　また河川埋立てによる影響のひとつに、下水排水の能力以上に雨が
　降った場合、それまで予想もしなかった場所が水びたしになる現象がお
　きはじめた。一例をあげると日比谷交差点を中心とする地域一帯などが
　それで、昭和三十三年九月の狩野川台風の場合などのように東京に三〇
　〇ミリメートル以上の集中豪雨が降ると、日比谷一帯は道路一メートル
　も出水するという結果を生じている。これも後にふれる中小河川の氾濫
　と現象的には全く同一なことが起る要因がつくられたのである[6]。

　この記述は、『東京都百年史』の共著者の一人である鈴木理生（1926-
2015）によるものである。鈴木は東京の千代田図書館に勤務していた都市
史研究家で水辺の形成に詳しかった。鈴木（1988）では、実際に埋め立

6　東京都（1979）pp.160-162

100

てられた水路について、次のように記されている。

　　東京湾の埋立地に運ぶより手近水路を埋立てた方が合理的だと判断し
　た東京都当局は、旧江戸城の外濠を手はじめに江戸湊の運河を残土棄場
　にした。現在の四谷の上智大学のグラウンドになった真田堀、呉服橋か
　ら鍛治橋（やがて新橋の土橋まで）の間の外濠 —— これは現在北から東
　京駅八重洲口のビル街および新幹線や東京で最初に開通した自動車専用
　の高速道路となり、その下は商店街となっている。それに例の元禄の町
　人の都市計画として開かれた神田の竜閑川などが、最も早い時期に埋立
　てられた水面と水路であった[7]。

　さらに、別の資料ではどのように記述されているだろうか。1991 年
（平成 3）に工事関係者を中心に発行された『銀座通り改修工事誌』によ
ると、銀座〜京橋〜日本橋〜神田、あたりの埋立水路を地図と共に次のよ
うに記している。

　　① 東掘留川　　埋立開始 23.4.1　　 —— 埋立完了 24.8.31
　　② 竜閑川　　　埋立開始 23.4.1　　 —— 埋立完了 25.3.7
　　③ 新川　　　　埋立開始 23.4.1　　 —— 埋立完了 24.12.20
　　④ 三十三間川　埋立開始 23.6.1　　 —— 埋立完了 27.7.23
　　⑤ 浜町川　　　埋立開始不明　　　 —— 埋立完了 25.3.7
　　⑥ 明石堀　　　埋立開始 42.10　　　—— 埋立完了 45.1
　　⑦ 箱崎川　　　埋立開始 43.8.13　　 —— 埋立完了 46.1.31
　　⑧ 桜川　　　　埋立開始 44.3.28　　 —— 埋立完了 47.2
　　⑨ 箱崎川支流　埋立開始 45.9.12　　 —— 埋立完了 47.2.29
　　①〜⑤は残土処理、⑥〜⑨は後に説明する高速道路による埋立であ
　る。

7　鈴木（1989）pp.238-239

これはまた東京高速道路（首都高速道路公団とは異なる）による高速道路供用は 1959 年（昭和 34）〜 1966 年（昭和 41）、土橋〜新京橋であるが、外濠川を埋め立てた上に造られ、道路の下は数寄屋橋ショッピングセンター、西銀座デパート、有楽町フードセンター、新橋センタービルが入った [8]。

　この残土処理意思決定について、東京都下水道局は、以下のように無念さを表した説明をしている。

　細ぼそとつづけられた事業も、理想とはかけ離れた現実的対応に追われるのが精一杯であった。戦災跡地の灰じん処理はその典型例のひとつといえよう。当初区画整理事業の一環として処理するとされていた灰じんは、区画整理の遅れと民間による住宅建設の進行によって処理計画に手づまりをきたし、結局近くの河川にほとんど無計画に投棄されることになる。さらに 23 年からは、三十間堀など 4 河川を灰じんによって埋めたて、埋立地をを売却することで工事費をまかなうという新方式が実施される。
　当時の厳しい事情を考えれば、それはやむをえない措置であったのかもしれない。しかしその反面、都市の貴重な水辺空間が奪われ、また江戸以来えいえいと築かれてきた排水路も失われてしまった。のち、昭和 33 年の狩野川台風時に、下水道から溢れかえった水が都心部に大きな被害をもたらす。無秩序な河川の埋立ては、やがて下水道にも多大なツケを強要することになるのである [9]。

　銀座〜日本橋〜茅場町一帯だけでも少なくない水路が埋め立てられたことを考えると、旧 15 区を中心に灰燼に帰した範囲では多くの水路が埋め

8　銀座通り改修工事誌編集部会（1991）、p.181-182
9　東京都下水道局（1989）p.162

立てられたと想像される。これを、下水道関係者は、流れを妨げる貴重な水系を失う行為と認識していた。

　この10年後には公害が問題化され、多くの人が川や水路にゴミを捨ててしまうことになるが、最初にして大規模なきっかけは残土処理であった[10]。

　そして、善し悪しは別にして、緊急事態の場合は公有水面を埋立て、それを売却することで開発資金を得るというアイディアを、東京都はここで学習することになるのである。

第4節　下水道整備前史

　遅れて敷設が始まった下水道の整備スピードは上水道に比べると遅かった。1898年（明治31）に下水改良事業が着手され、1900年（明治33）下水道法と汚物掃除法が制定された[11]。改良水道設計変更を行った中島鋭治による「東京市下水設計調査報告書」が1907年（明治40）に提出され、雨水排出を重視した合流式が採用された。1908年（明治41）に東京市下水道設計案が閣議決定された後、東京市役所に下水改良事務所が設置されたのは1911年（明治44）、第一期下水改良事業着工と、事業の進捗が遅い。この間、上水道の拡張は切れ目なく進んでいる。上水道先行決定は、人口増加圧力を背景として、依然として優先して財源が振り向けられていたといってよいだろう。

　さらに1919年（大正8）には都市計画法と道路法が制定されており、都市計画の制度的裏付けが与えられた。この特徴は①都市計画区域概念の導入、②都市計画決定による計画機能の確立、③受益者負担金制度、④都

---

10 後で登場する山田正男（2001）では、この残土処理について「昭和二十年から朝鮮動乱が起きる頃まで、全く何にもやっていなかったね。焼け野原の残土処理をやってただけなんだ。残土処理というのは労務費の助成だから、アルコール、お酒がつくんだ。お酒やゴム長靴がつくんだね。そうすると、食糧と代えられるもんだから、都の職員はそちらのほうばっかりやってた。」と述べている（p.13）。

11 内務省衛生局長の後藤新平は1896（明治29）に中央衛生会に塵芥汚物掃除法案及び下水法案を諮問したが、1898年（明治31）に台湾総督府に転出する。

市計画官僚組織の確立、⑤欧米の新技術の導入が挙げられる [12]。

　1922 年（大正 11）には三河島汚水処分場も稼働し始め、1930 年（昭和 5）には砂町汚水処分場、1931 年（昭和 6）には芝浦ポンプ場も稼働した。1923 年（大正 12）には、関東大震災で工事が一旦全面休止される。その後、復興対策事業に組み入れられる形で、区画整理事業で移動した道・下水管の工事や失業救済工事として細々と続けられた。

　1930 年（昭和 5）には東京市郊外 41 町村を対象とした「東京都市計画郊外下水道」計画決定した。そして 1932 年（昭和 7）に郊外 20 区を設けた 35 区時代になり、下水道は①東京市下水道設計（旧市域対象）、②郊外下水道（新市域対象）、③旧 12 町下水道計画（新市域対象）の三本立てで行われるが、統合されるのは終戦後の 1950 年（昭和 25）となる。

　下水道財源悪化が問題になり始めたのは昭和 10 年頃であるが、この赤字を上水道の黒字で埋めるために、土木局下水道課を水道局に移管する動きが出始めた。土木局は道路と下水道の一体性をあげ難色を示したが、結局 1936 年（昭和 11）に水道局下水道課が発足した。この結果、下水道は水道整備の二次的事業としての位置が定着し、この二元体制は 1962 年（昭和 37）まで続くこととなり、戦後、下水道行政の一元化問題につながっていく。

　1933 年（昭和 8）時点での下水管管渠は約 1,192km でまだまだ人口増加に追いつくものではなかった。

第 5 節　**都市河川の下水化 —— 36 答申の意味**

　下水道整備が立ち後れ、新 20 区から流れる都市河川もドブ川化しつつあった。かつては雨水や汚水が流れていたが、流れていたがために川や海に排出されていた。それが人口増に伴い急激に排水量が増えると共に、下

---

12 石田（2004）p.89

水道整備が追いつかずドブ川が流れず、結果としてその流れは流れないドブ川となった。それは川でありながら、実際には悪臭を放つ悪水路となりつつあった。

　また、雨天時の保水能力も衰え、氾濫が起きると被害も大きくなった。1958年（昭和33）の狩野川台風では区部の35％が浸水し、罹災者は約200万人にのぼった。狩野川台風が最初の都市型水害と言われる所以である。それでも昭和30年代半ばになっても、周辺区部の下水道普及率はゼロ、つまり新20区に普及されていない状態であった。

　この問題を踏まえ、東京都は1960年（昭和35）「東京都市計画河川下水道調査特別委員会」を設置し、都内の排水問題の検討を開始した。東京都下水道局（1989）の記述を借りると目的ならびに答申は以下のようになる。

　　山の手地域では、石神井川・神田川・野川以外はほとんど源頭水源がなく、晴天時には実質的に下水きょと同様な状態で、汚水が停滞して悪臭を発生し、ごみ捨て場と化し暗きょ化もしくは覆蓋の要望が年ねん高まってきた。

　　昭和25年に計画決定した東京都市計画下水道では、源頭水源を有する一部準用河川をのぞいて、計画決定区域内のすべての在来河川水路は下水管管きょ（一部開きょ）にする計画となっていた。このため下水道計画に包含される河川で汚濁のはなはだしい河川は、事業化の要望が下水道局に向けられた。いっぽうこれらの河川のなかは、下水道計画と河川計画が重複するものや、桃園川のように事業決定区間が重複する河川もあった。

　　また台風や異常豪雨時の河川としての対応を考慮した覆蓋後の維持管理、舟運利用の維持、越流水の公共水域への影響など経済的、技術的考察に加え、社会的な観点からの都市排水のありかたの検討が不可欠となった[13]。

---

13 東京都下水道局（1989）pp.428-429

下水の整備を進めるにあたり、排水促進のために河川と下水の調整を行う委員会であったことがわかる。しかも問題になっている都市河川は大東京市時代の新20区を流れている山の手の河川であった。既に都市河川の周囲には無秩序な宅地化が進んでいた。

　このためにつくられた委員会の委員長は伊藤剛（元建設省土木研究所所長）、委員は学識経験者の他に東京都からは首都整備局長の山田正男が加わっているのが興味深い。山田は後に記すように、都市計画に新たな考え方を持ちこむことで東京の自動車対応を進めた。この委員会においても発言力は大きかったものと推測できる。

　この答申は翌1961年（昭和36）に提出されたので、通称「36答申」と呼ばれることになる。その内容は以下の通りである。

1．下水道幹線（暗きょ）として利用する河川は次の全部又は一部とする。
　　呑川・九品仏川・立会川・北沢川・烏山川・蛇崩川・目黒川・渋谷川・古川・桃園川・長島川・前堰川・小松川・境川・東支川・田柄川
2．上記河川の下水道幹線（暗きょ）としての利用区間は別紙図面の区間とし、詳細については技術的、経済的な面から検討のうえ決定すること。（注：当初は分水地点まで下水道化としたが環境衛生上の見地から感潮点までとした）
3．上記区間以外の区域についても、舟運上などから特に必要な部分を除き覆蓋することとし、その区域はおおむね別紙図面の区間とし、詳細にちては技術的、経済的な面から検討のうえ決定すること。（注：施設管理面からみて当初は消極的であったが、都市空間有効利用から積極的表現となった）
4．覆蓋された上部の利用については、管理上支障のない限度において公共的な利用をはかること。
5．第2項及び第3項の区域は、狩野川台風による降雨でも氾濫しない流下能力を与えることを原則とすること。

流量算定にあたり、合理式などにかかわらず多角的に検討すること。（注：小委員会を設けて検討し、「狩野川台風による降雨」1時間最大76mmとした）

6．河川の下水道幹線化・覆蓋化の整備完了するまでは、個々の河川について施工方法並びに維持管理などを検討のうえ、通水の障害とならないよう十分考慮すること。

7．都市公害および環境衛生の見地から、河川の汚濁防止に必要な施設ならびに維持管理をおこなうこと。（注：分水後の下流への影響を検討したが、環境基準がないためこのような表現となった。[14]

　36答申の検討については、既に河川工学の観点からは中村・沖（2009）によってなされている。この答申の背景にある「川の単機能化」の思想がその後多くの河川を失い、擬似的な水の流れと自然を取り繕ったような親水公園が生まれることとなったと的確な指摘を行っている。

　本稿で問題と考えるのは、この答申が都市計画における「空間の立体利用」というアイディアの中で、河川が機能と見なされていく過程である。政策過程としての36答申についてこのアイディアが誰も文句が出ない程度に正統化されていく。その理由はどこにあるのだろうか。

---

14 東京都下水道局（1989）p.430

第 **6** 節　高度成長期の下水道行政

　この 36 答申を経て、下水道整備は急ピッチで進むようになる。

　表 1 を見ても、管渠の伸び率が昭和 37 年から急激に伸びていることがわかる。

表 1　下水道計画の諸元（主たるもの）

	東京市　大正 13 町村　大正 10- 昭和 10 郊外　昭和 10	昭和 25	昭和 37	昭和 39	昭和 49	昭和 55
対象区域 （ha）	東京市 6,992 町村　 3,388 郊外　14,139	千代田区外 20 区 36,155	同左 37,314	23 区全域 52,853	同左 52,891	同左 53,827
計画人口 （万人）	東京市 300 町村　113 郊外　300	630	751	950	1,036	1,036
汚水量 （1/ 人・日）	167	320	448	同左	810	同左
降雨強度 （mm/ 時）	50	40	50	同左	同左	同左
排除方式	合流式、一部分流式	同左	同左	同左	同左	同左
管きょ （m）	東京市 1,691,000 郊外　 495,200	6,649,400	7,608,900	10,061,479	11,719,000	14,219,750
ポンプ場 （個所）	東京市 7 郊外　 9	23	42	67	57	71
処理場 （個所）	東京市 3 郊外　 2	6	6	9（他に浮 間処理場）	10（他に浮 間処理場）	13 汚泥プ ラント 2

『日本下水道市（上）』

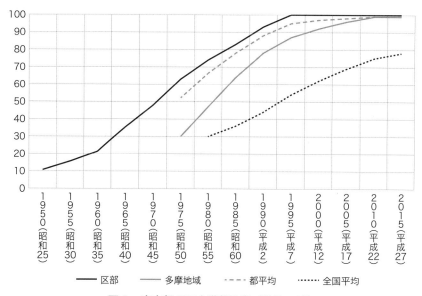

図1　東京都の下水道普及率（単位：%）

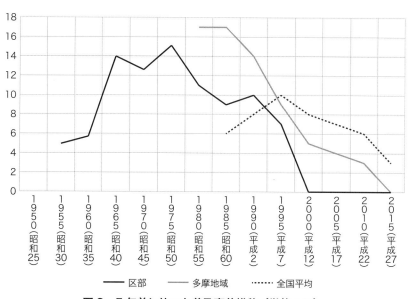

図2　5年前に比べた普及率差推移（単位：%）

この時期、水質汚濁問題と下水道が関連付けられるようになった。その契機が隅田川問題である。東京オリンピック開催準備にあたり、「死の川」と呼ばれていた隅田川は問題であった。ミスター公害と呼ばれた橋本道夫は、自らの著書で次のように語っている[15]。

　　隅田川の水質指定が水質審議会で検討されている時、環境衛生課に沿岸の老舗のご主人や中小企業の年配の一団が陳情にみえた。川がひどく汚れて臭いガスがふき出し、料亭の窓が開けられなくなったり、倉庫の品物の品質が変わったりして困っているということであった。私は隅田川の状況を知らなかったので、早速行ってみると、全くひどいよごれで、昔の風情はなかった。しばらくして経済企画庁の下河辺淳水質保全課長から電話があり、『隅田川下流の水域指定について、水産、農林、水道などの従来の水質保全を要求するグループから何も要請がないので指定を見送ろうかと思っているが、環境衛生として何か要求はあるか』ということだった。
　　私は今まで何も正式に要求を出していなかったことに気付き、しまったと思ったが、すぐ『せめて臭くない川にしてほしい』と答えた。幸いにも実力者の河野建設大臣が『オリンピックまでに臭くない川にしろ』と命令したので、水質基準は、生物化学的酸素要求量（BOD）10ppm、溶存酸素量（DO）1ppmということが後で決まった。これは都市河川の類型とされ、ひどい水質であるが、これを達成するためには沿岸の排水は皆BOD20ppmの下水道高級処理が必要となり、事実上用水型企業の立地規制とパルプ工場の追い出しとなることは当時私は気がつかなかった[16]。

　公害問題は所得倍増計画の足を引っ張るという認識があったらしく、厚

---

15 橋本道夫（1925-2008）大阪生まれ。大阪大学医学部卒業後、保健所行政、厚生行政に携わる。
16 橋本（1988）pp.57-58

生省の中でも公害問題には熱を入れるべきではないという認識があったという。それにしても、水質汚濁問題に衛生行政の所管である厚生省が要請が無かったというのは、現在から見ると驚きである。また、水質基準が、工場の立地規制という通産省立地行政や、下河辺淳の名前も出てくるように経済企画庁の新産業都市建設計画と関連するアイディアであるとの発見は興味深い。

　現在では自明となっている水質浄化・公害抑制と下水の関係も、当時は自明ではなかった。橋本の述べた規制は、1964 年（昭和 39）、経済企画庁による隅田川の水質規制の基本となる水域指定と水質基準の告示となって現れた。水質規制を下水道整備と密接に関連付け、この規制方式は「都市河川方式」と称された。水質保全と下水道整備が密接な関係にあるという理解が深まり、下水道行政の二元化が水質保全行政にとっても大きな障害となるという認識も深まったという[17]。これをもって、水質工場と水環境問題と下水道整備が紐付けられたアイディアとして、明確に意識されるようになった。

　結局、下水道の所管は建設省とし、終末処理場の維持管理事項は厚生省の所管とすることで 1967 年(昭和 42)下水道行政一元化が閣議了解された。

　水質汚濁問題が社会問題化し、水処理需要が高まり、下水技術・関連産業が広がり、制度複合という形で、下水道行政が一元化されることとなった。

第 7 節　山田正男に見る道路を中心とした都市計画アイディア

　下水道整備を押し進めた背景には、都市計画のアイディアの転換があった。ここで、山田の思想を見ておくことは有効だろう。

　1960 年（昭和 35）に書かれた「首都東京の改造計画」では、以下のよ

---

17 日本下水道協会（1989）p.293

うに書いている[18]。

　東京改造計画の根本施策は交通需要に応じた道路の新設改良であり、道路の交通能力と交通需要とのバランスをとるための建築物の容積を制限、または限定することにある。従来の、ともすれば線的であり、平面的であった都市計画から、立体的、空間的、容積的な都市計画への移行である。

　道路の新設改良には自ら技術的限界があり、それにみあう建築敷地内の建物の制限がこれに伴わなければ、需要と供給のアンバランスは限りないものになる。

　土地とそのウワモノである建物の容積は一体として計画されるべきであろう。そうすればそこに生ずる交通需要とそれをうける交通施設も計画的となり得るのであって無秩序な交通混乱を阻止しうることになる。このことは交通施設のみに限らず、上下水道、ガス電気等の都市の供給処理施設の計画にもいえることであり、今日都民の話題の一つになっている「道路の掘り返し」も土地のウワモノに計画性がないため、絶えず掘り返へさざるをえなくなるのである。

　このように都市を構成する要素としての土地の用途、建築物の容積と道路、公園、上下水道その他公共施設の相関的量的構成が合理的、効率的であるような都市計画が樹立されなければならない。

　これは、まさに山田の都市計画における立体利用追求の宣言と言える。この2年前の1958年（昭和33）、東京都市高速道路の計画が山田を中心に立案され、首都圏整備委員会において決定、告示されていた。そしてオリンピック開催に間に合うように、日本道路公団とは別に、首都高速道路公団が1959年（昭和34）に設立されていた[19]。

---

18 山田（1973）p.351
19 越澤（2001）p.311

この後、都市の建設密度が高くならざるを得ないとし、次のように述べる。

　郊外から都心に近づくに従って地価が高くなる。地価が高くなれば建築密度が高くならざるを得ない。建築密度が高くなれば交通量も多くなり、従って道路密度も高くならざるを得ない。建築密度が高くなれば宅地内の空地がなくなるから、これに代る公共空地の密度を高くしなくてはならない。このような相関性を合理的、効率的に処理する都市計画が要求される。

このような公共空地の密度を高くする思想をもって、道路をつくり、新宿西口淀橋浄水場の移転と跡地の再開発、首都高速、そして下水道を整備していった。山田が一番重視したのは交通問題だった。山田は、東京の首都高速道路建設と併せて語られることも多いが、後に、日本橋の高速道路建設について、次のような証言を残している。

（聞き手）あれ、記録によると、一番はじめ高速道路は神田川を干拓して高速道路を入れようとしたけれど、河川側があそこは絶対水を残してほしいということで、道路側が折れて高架にしたというふうに読み取れるんですけれど。

（山田）それは、まだ内部の話だな。いや本当にそうしてやりたかったんだ、僕は。

（聞き手）日本橋の下に道路が行くという。その前に山田さんが神田川があふれんばかりの状況を見て……。

（山田）そうそう、ああこりゃ無理だということがわかったんだ。あれは、新幹線も新宿を経由して東京駅まで持ってきたいと。それで好井宏

海と話して、それならこの付近は神田川を干拓して、おまえは下の方を通れと、俺はその上を通りましょうというような話は、内部的にはしていたけれどね[20]。

山田の問題意識は、自ら語るようにまずは都市の交通問題にあった。そして、下水道も増えた分だけ受け止めた上で、この流れの処理に関心を集中させた。しかし、道路の拡幅は用地買収が困難でできない。そのため、空間を立体利用するアイディアを現実化した。

彼の都市計画思想に特徴的なのは、川の水を干拓して代わりに道路化したり、川を暗渠化、覆蓋化し、そこに道路を造ったりと、限られた公地を利用することに躊躇が無かったことにある。車も水も流れる中身は同じ機能で、流れの器は道路か川か暗渠を選べばよいというアイディアだったと思われる。オリンピック事業は、それを正統化するほど優先されたとも言える。

オリンピック事業で最も重大な障害となったのが用地取得であった。どうしても任意取得できない場合は土地収用法を適用しているし、1961年（昭和36）には「公共用地の取得に関する特別措置法」を施行し、土地収用法の特例として公共性と緊急性の高い事業について収用手続きを簡略化した。当時高速道路整備を進めていた首都高速道路整備公団では、首都高速4号線、2号線、放射1号線の3路線を特定公共事業の認定を受けて用地取得の促進を図った[21]。

現在の首都高速環状線に、旧築地川を埋め立てた部分がある。これについて首都高速道路公団（1979）では、次のように記されている。

　　ここに高速道路が計画された当時は、白魚の泳ぐ美しい川という大正時代の面影はすでになく、下水道および消防用水としての役割しか果た

---

20 山田（2001）p.84-85。ここでの聞き手は東京都都市計画局OBの4名。文中の好井宏海は当時国鉄東京工事局長で、後に日本鉄道技術協会の会長になる。
21 首都高速道路公団（1979）p.74。ちなみに、山田は後に首都高速道路公団理事長となる。

さないどぶ川となり果てていた。この区間を干拓するにあたっては、これら下水道および消防用水としての機能を存続させるため、旧護岸の全面に暗渠を設けたが、この暗渠には水を干したあとの旧護岸の滑りを防止する機能ももたせている。（中略）なおこの区間で特筆すべき点は、これら既設の橋の脇に多数の公園橋を高速道路上に設けたことである（計8橋、延面積約1万m²）。住民に長く親しまれてきた川に代わる憩いの場として高速道路上に橋を架け公園かしたものであるが、これは環境整備を行った最初の試みというべきであろう[22]。

ここでは道と川は代替可能で、環境整備とは、道は川に代わる憩いの場として整備することであった。それも、川が下水道としての役割しか果たさないどぶ川だったから、水を干したという論理となる。汚ければ、干したり暗渠化して、川を無くしてしまうというのは、後の1987年（昭和62）の国連ブルントラント委員会が示した持続可能な開発基準を大きく越えるものであるが、当時は、将来の負担が予測されることなく、現状の自動車増加への対応が優先された。そして道路高架技術も実用されていた。こうした都市の変貌に、反対運動が出ることもなく受容されていった。

第8節　都市空間の高度利用から都市再生へ

水道も道路も人口増加、車両増加に対応していった。現象面だけみると、どちらも高度成長期開始の1960年頃には東京都人口は800〜900万人で1千万人に迫ろうとしていた。この時期、東京都は目に見える形で混雑状態と入っていたと言える。通産省は所得倍増計画を背景に人口を太平洋ベルト地帯構想全国に配置する方法を採用し、経済企画庁や国土交通省、自治省は、全国に都市を配置する全総による拠点開発方式を採用し

22 首都高速道路公団（1979）pp.83-84

た。どちらもビッグプッシュによる開発戦略としては有効なアイディア
だったが、この二つの国土開発思想が並行した結果、人口増加をエンジン
とした様々な制度が生まれ、結果として東京への大都市一極集中が加速し
た。現在その速度は緩まったが、全国人口が減少している現在でも止まっ
ていない。

　それを可能にしたアイディアが、都市の立体・高密度利用であること
は、当然であろう。そしてそのような道路や都市開発に、現在の河川政策
が組み込まれている側面もある。2000年（平成12）には大深度地下の公
共的使用に関する特別措置法が施行され、民有地であっても地下40m以
下の深さであれば道路、鉄道、管路などに利用することができるように
なった。地下河川や地下調整池が造られていくが、それは地表を流れてい
た河川と同じなのか、違うのか。現在の脱水都化された東京は、こうした
管路の上に成立している。

　この都市の立体化は、さらに2000年代初頭に都市再生政策となって、
増幅される。

　1990年代の失われた10年から脱するため、2002年（平成14）、小泉
内閣の下で都市再生特別措置法が施行され、都市計画法、建築基準法、都
市再開発法が改正された。不動産市場における規制緩和はこれより前から
準備されており、1995年（平成7）に不動産特定共同事業法施行、1997
年（平成9）高層住居誘導地区の創設、2001年（平成13）特例容積率適
用区域制度施行、2003年（平成15）斜線制限の緩和等が相まって、建築
物高層化を可能にした規制緩和が続いた。民間開発業者も大きな役割を
もって参入してくる。

　東京都における都市再生緊急整備地域は、大手町・丸の内・有楽町地
域、環状二号線新橋周辺・赤坂・六本木地域、秋葉原・神田地域、東京臨
海地域、新宿駅周辺地域、環状四号線新宿富久沿道地域、大崎駅周辺地
域、渋谷駅周辺地域の8地域で、都心部から湾岸部に集中している。この
結果特定の地域で大規模・高層化した建築物が出現し、流入人口も増加し
た。一方、人口流入が見込めない地域、即ち再開発価値が見込めない地域

では高齢化の進展が著しく、富裕層流入区との格差が顕在化している[23]。

　日本全体での人口減少が問題になり、地方創生も政策化されているが、東京特別区の人口は減少していない（2020年4月時点）。

　そうした文脈で、首都高速の日本橋高架部分を地下にしようと2020年（令和2）4月に都市計画事業が認可された。1964年（昭和39）のオリンピック開催時に建設された首都高が、76年後の2040年には日本橋川の地下に潜り、高架部分撤去完了という計画だ。1964年オリンピックの時、首都高速道路を造るためには公有地を使う必要があり、この日本橋は川の上を高速が走った。オリンピックを梃子にした多数の開発事業群は都市の水辺風景を変えたのは前述の通りだが、現在、都市再生の文脈でそれがまた、変わりつつある。

首都高速の下に覆われた日本橋と日本橋川

23 上野（2008）

小泉内閣時の都市再生政策により、空間価値を高める要素として水辺が、開発投資を呼び込む価値を生むようになっている。

　この日本橋開発の参照例として有名となったのが韓国ソウルで行われた清渓川再生開発である。清渓川再開発とはソウル中心部の覆蓋化された道路の上に高速道路が走っていた清渓川の高速道路を移設し、覆蓋道路も剥がし、清渓川を再生した事例である。着手は2003年8月、2年後の2005年10月には清渓川の清流が蘇った。主導したのは当時ソウル市長だった李明博だった。

整備された清渓川始点（2019年）

整備された清渓川　かつて覆蓋化道路の上に造られていた
高速道路足桁を残している（2019 年）

　この清渓川は、漢江に流れ込む。そこにあるトゥクド浄水場で浄化した
水をポンプアップして始点に戻している。こうした再開発によって都市の
空間価値は高まった。このように都心部に水路を再生・復元することで空
間価値を高める方法は現在の日本にも用いられている。

　都市の立体化、高密化から、さらに高層・高密化に至るようになり、
ウォーターフロントを中心とした水辺の開発価値が高まり、不動産資本が
集まるという新たなアイディアが広まっている。それは渋谷再開発におけ
る都市河川渋谷川の開発などにも応用されていく。しかし、そこに流れて
いる水は、昔の自然水ではない。ポンプアップされた下水という点は、清
渓川開発と同じである。かつて水路が身近にあり「水の東京」と呼ばれた
東京は、どんどん埋め立てられ脱・水都化していった。2000 年代以降は、

都市再開発における水辺が見直されるようになったが、賑わう水路には処理水が目につく。水の価値が変わりながらも、依然として脱水都化が続いている。自然の水循環が感じられる水都を取り戻すには、これまでの開発アイディアを転換しなくてはならない。

第 **6** 章

総合治水の解釈学─オーラルヒストリーを活用して

第 1 節　都市水害の発生

　ここまで上下水道を中心とした利水について記してきた。特に人口膨張に応じて都市化が進み、上水道は拡張が延々と続き、下水道は脱・水都化と呼べるような都市化の一部に組み込まれ、やっと高度成長期に整備が進むようになった。この間、河川の水資源は常にストレスを受け、河川の排水機能は低下し、河川は都市化から負の影響を受け続けたように思える。

　では、国土政策の中でも古くからの伝統をもつ治水に対して、都市化はどのような影響を及ぼしたのだろうか。

　戦後すぐには、東京は多くの水害に見舞われた。1945 年（昭和 20）枕崎台風、1947 年（昭和 22）のカスリン台風、1948 年（昭和 23）アイオン台風等、戦後復興期は毎年のように水害に襲われた。その後戦後復興が終わった後、昭和 30 年代後半〜昭和 40 年代になると都市水害が頻発した。1958 年（昭和 33）の狩野川台風の被害が都市型水害の最初と言われている。この時の浸水範囲は江東デルタ、江戸川区、大田区のまずは低平地であった。しかし、それ以外にも呑川、立会川、目黒川、渋谷川、神田川、石神井川等の一部で、その一部は山の手の谷地になっている部分で、横浜では崖崩れが生じた。この台風の死者行方不明は 929 人、被害家屋は約 17,000 であった[1]。

　この時期には都市化が東京だけではなく川崎市、横浜市にも及んでおり、鶴見川の出水、流域の崖崩れは、無秩序な宅地に時間当たり 50mm に近い豪雨が降った場合の水害を如実に表した形になった。

　戦前の治水は、内務省河川局、戦後は建設省河川局の所管であり、その業務は河川の堤防および堤内地の改修が主であった。これに多目的ダムの管理が戦前に加わるが、基本は河川内管理であった。しかし、都市水害は河川外、すなわち流域の土地が都市化し、舗装され、降雨が土にしみ込ま

1　高橋（1971）p.46

ずに手近な下水等の排水路を伝って川に急速に流れ込む水量に、川や土地が耐えられないという水害だった。現象は川で起こっても、原因は流域の都市化であるという現実が明白になった時期だった[2]。

ここで治水範囲を都市にまで及ぼす「総合治水」への制度転換が避けられなくなった。

この総合治水対策は実現し、さらに流域治水に拡大しているが、当初の「治水と都市計画の調整」という目的が実現しているかと言えば疑問も残る。なぜなら、現場レベルでは未だに河川管理者と都市計画管理者との間は密接な関係とは言えず、むしろ棲み分けによる秩序が成立しているとも見えるからである。総合治水の意味と、アクターの棲み分けの関係について、オーラルヒストリーを用いて構成することとする。

第 2 節　総合治水対策小委員会

1976年（昭和51）10月、河川審議会計画部会において、総合治水対策小委員会を設置することが決まった。委員会のメンバーは以下の通りである。

委員長（河川工学）	吉 川 秀 夫	東工大教授
委　員（法律）	成 田 頼 明	横浜国大教授
委　員（法律）	塩 野　宏	東大教授
委　員（河川工学）	岩 佐 義 郎	京大教授
委　員（河川工学）	高 橋　裕	東大教授
委　員（砂防工学）	武 居 有 恒	京大教授

2　当時の建設省河川局河川計画課建設専門官の萩原兼脩は都市水害について「原因が、1.流域の山林農地が都市化することにより、その保水・遊水機能が減ぜられ、洪水の流出量とピークの増大を招いていること。2.流域の低地部にも都市化が及び、そのため洪水の氾濫、内水の湛水による浸水被害が増大していること。等のためであることもわかっていた、治水対策の重心を都市河川の方に可能な限り移してきたものの、流域の都市化のスピードには追いつけず、結果的に都市における水害の増大をゆるすこととなってしまた。」と記している。（「総合治水の推進」1980）

123

委　員（河川行政）　渡　辺　隆　二　国土開発技術研究センター理事長
委　員（経済・社会）　宇　沢　弘　文　東大教授
委　員（経済・社会）　加　藤　　　汕　NHK科学産業部チーフ・ディレクター
委　員（農業）　　　　石　川　秀　夫　農村企画開発委員会主幹
委　員（地域計画）　　鈴　木　忠　義　東工大教授
委　員（都市計画）　　伊　藤　　　滋　東大助教授
委　員（住宅）　　　　水　越　義　幸　日本建築センター理事
委　員（ジャーナリスト）坪　井　良　一　読売新聞社参与
委　員（ジャーナリスト）川　越　　　昭　NHK解説委員
委　員（地方公共団体）荻　野　準　平　静岡市長
委　員（地方公共団体）中　川　健　吉　浦和市長

　以上の17名である。治水の委員会としては順当と映るメンバーではあ
るが、都市の側のメンバーとしては当時都市工学の少壮助教授だった伊藤
滋の他には見当たらない。土地・宅地、下水関係者が入っていない点が興
味深い。この小委員会の役割が、活発な議論により、結果としてまとまら
ずに様々な問題が露呈してしまう「課題整理型」委員会ではなく、既に問
題は定義されており事務局で示す理念に肉付けしつつ正統化を図る「理念
提示型」委員会であったのではないかと推測される。したがって、この背
景では河川局の事務局としては、一定の議論が既に進んでいたと考えられ
る。
　この小委員会の設置経緯について建設省河川局河川計画課は、1977年
の『河川』2月号で、以下の通り記している。

　昨年9月、高知、徳島、兵庫、岐阜、愛知県をはじめ広範囲に災害
をもたらし、直轄河川長良川堤防の決潰まで巻起こした台風第17号に
よる大災害を契期として、治水対策に新しい施策を折り込まなければな
らないという気運が盛りあがってきた。総合治水対策と称するものであ
る。台風17号災害では、四国地方に2,000mmを越す雨量が現れ、破

堤した長良川では 1,500mm を越える雨量があり、警戒水位を越える水位が 80 時間以上続いたわけである。このような異常な気象が実際に現れてくると、洪水を防ぐには、堤防やダム等の治水施設を整備するだけでは、とても災害対策は追いつけるものではない。

　一方、近年の都市開発、流域開発の進展により、中小河川、都市河川ではますます災害の危険性が大きくなってきており、これらの治水対策の緊急性が叫ばれている。また一度改修された河川も流域開発による流出量の増大等により、再改修を必要とする状況になってきている。

　このような治水事業をめぐる環境の変化に対処するためには、洪水を堤防の中におし込めておく方式の治水事業に反省が加えられなければならなかった。

　河川を河道のみに限らず、河川の流域全体を見た治水の方法を施策として行うとするのが総合治水対策である。これは台風 17 号の来襲によってはじめて考えついたのではなく、既に、総合河川計画として、その調査研究が以前から行われているものであるが、台風 17 号を契機に河川審議会に小委員会が設置されたことで、その施策の実現へと一歩踏み出したことに意義がある[3]。

　当時としては、極めて当然の理念を述べた小委員会であった。とはいえ、「河川の流域全体を見た治水方法」の実現を目指す割には、実際の堤防外の関係者、特に都市計画関係者が少ない。ここで議論された手続きを踏まえ、小委員会の上位にあたる河川審議会は 1977 年（昭和 52）6 月 10 日、「総合的な治水対策の推進方策についての中間答申」を行い、次年度の建設省予算に反映されることになる。

　中間答申の内容は、以下の通りである。

3　建設省河川局河川計画課（1977）pp.27-30

1．総合治水対策を強力に推進すること

　最近のわが国においては、河川流域の開発、特に都市化が急速に発展し、これに対応する治水施設の整備が立ち後れたため、毎年各地で激甚な災害が発生し、多くの人命と莫大な財産が失われている。このような状況に対処するためには、治水施設の整備を促進するとともに、流域開発による洪水流出量及び土砂流出量を極力抑制し、河川流域の持つべき保水、遊水機能の維持に努めるべきである。また、洪水氾濫のおそれのある区域及び土石流危険区域においては、治水施設の整備状況に対応して水害に安全な土地利用方式等を設定するとともに、洪水時における警戒避難体制等の拡充を図るほか、被害者救済制度を確立するなど総合的な治水対策を実施し、水害による被害を最小限にとどめるべきである。

2．総合治水対策の施策として、次の事項を強力に推進するとともに、必要な制度を確立すること

　(1) 河川流域の持つべき保水、遊水機能を設定し、その機能を確保するための諸施策を策定すること。

　(2) 洪水氾濫予想区域及び土石流危険区域を設定し公示すること。

　(3) 治水施設の整備については、長期的な公示実施基本計画のみならず、必要に応じ当面目標とする緊急整備目標を設定すること。

　(4) 治水施設の現況並びに緊急整備目標に対応して水害に安全な土地利用方式及び建築方式の設定を図ること。

　(5) 洪水時の諸情報を住民へすみやかに伝える体制を強化すること。

　(6) 土石流危険区域における警戒避難態勢の整備を図ること。

　(7) 水防体制の強化を図ること。

3．総合治水対策の実施に当っては、次の事項に十分留意すること

　(1) 関係住民の理解と強力が得られるよう極力努力すること。

　(2) 関係する各分野との調整を図るため、関係部局、関係各省及び地方公共団体との協議体制を整備すること。

4．次の事項については、なお引き続き調査研究し、その実施を極力推進
　　すること
　　(1) 流域の保水、遊水機能を確保する流出抑制手法及び土砂流出抑制
　　　　手法の開発とその治水上の効果の検討。
　　(2) 治水施設整備費用の開発者負担制度及び受益者負担制度の研究。
　　(3) 水害保険など被害者救済を図るための制度の研究[4]。

　以上、理念としては社会に受容される答申であろうが、実施する際の土
地、都市、地方自治体が本当に実現できるのか懸念される内容でもある。
　小委員会の委員の一人であった渡邊隆二は小委員会の実質を、今から思
えば的確に見通しており、次のように述べている[5]。

　　総合治水で随分議論した人は、栂野さんから川本さんぐらいまでだね。
　だから、五一年頃というのは、栂野さんは局長ですか。私が一番先に総
　合治水の議論をしたのは栂野さんなのだけれども。それから、川本さん
　のときにはかなり具体的にいろいろやったのですね。総合治水というの
　は、今やっているような総合治水の河川ということで予算をつける手段
　に使われているような感じがあるのだけれども、それもあるけれども、
　思想的には流域管理みたいなものでスタートしたのだと思うのです。だ
　から、例えば自分のところでも遊水池をつくるとか、要するに、流域の
　流出がどんどん増えてこないような、土地利用の規制をやるというよう
　なことも総合治水の初めの考え方にあったのだと思うのですけれどもね。
　栂野さんと議論していたときはそうだったと思うのです。ところが、三
　年ぐらいしているうちに、流域管理の方はだんだん少し後ずさりしたと
　言いますか、要するに地元とか都市局とか、そういうものからの反撃が
　強くなってきて、河川管理者だけがやるのが総合治水対策みたいになっ

4　建設省河川局河川計画課（1977）p.29
5　渡邊隆二（1919-2016）1943年、東京帝国大学工学部土木工学科卒後、内務省国土局入省。河川局
　　河川計画課長、関東地方建設局長等を経て、1972年退官。

てきてしまったような気がするのだけれども、それがただいつ頃からどうなったかというのはちょっとはっきり覚えていないのだけれどもね。

　初めに言い出したときは、ウェートは、むしろ流域管理にあったのですよ。だから、これは河川法の枠内ではできないだろうと、どっちみちこれは河川法は届かないところだから。だけども、鶴見川などでも初めは地元と、あるいは都県とかも入れて、そういう地域協議会みたいなものをつくって、それで流域からの流出が増えないようなことを、強制はできないけれども、協議してやっていこうというはずだったと思うのだけれどもね。それは鶴見川だけではなくて、ほかの川もみんなやっていこうと、ことに都市化の関連のあるようなところはやっていこうということだったと思うのだけれども、だんだんそれがなくなってしまって、河川局が都市局や何かに押されたのか、地元の反対があったのかどうか知らないけれども、自分のところの川に問題を持ってきた[6]。

　渡邊は小委員会について具体的には述べていない。それは委員長であった吉川秀夫についても同様である。また、河川法の外に出ざるを得ない「流域管理」について、都市等の部局と「強制はしないけど、協議してやっていく」つもりだったが、「だんだんそうではなくなっていった」と記している点が興味深い。

　一般に、オーラルヒストリーの多くは、話者が事情を認識していても、曖昧にしておかねばならない部分は婉曲的に話題をずらしてかわすことは、よくあることである。しかし、オーラルヒストリーでなければ聞き取れない効用は、話者が当時考えていたアイディア、思想、関わったアクターなどの構図が聞き取れることである。全体の構図を掴むために有益で、「なぜ話題を変えたのか」さえ、疑問の糸口を提供する。

　この場合もそうで、河川法の枠外に出れば、都市部局等との厄介な調整が待ち受けていることは十分に想像できたであろう。それにも拘わらず、

6　河川行政にオーラルヒストリー実行委員会（2003）p.236

なぜわざわざ総合治水の理念を提示したのだろうか。この間接的結果として、鶴見川に遊水池が造られたり、大深度地下を利用して地下河川が生まれ、かつて道路部門が使った公共地の立体利用を河川が行うことになることを考えるとなおさらである。

　河川局の事務局としては、同じ建設省の都市局とどの程度事前に調整を行ったのだろうか。

　この答申から22年後の1998年（この前年、河川法に環境を組み込んだ大改正が行われている）、「建設行政の回顧と展望」という四人の河川局要職経験者による座談会が『河川』1998年6月号に掲載されている[7]。『建設月報』5月号からの転載とある。ここで語られている内容が興味深い。出席者は小坂忠（当時社団法人日本河川協会会長、元建設省河川局長）、中村二郎（当時技研工業株式会社会長、元建設省河川局砂防部長、松原青美（当時財団法人民間都市開発推進機構理事長、元建設省河川局次長）、近藤徹（当時水資源開発公団総裁、元建設省河川局長）、司会は当時の河川局長だった尾田栄章である。

　まず「総合治水」という名称である。小坂は次のように述べている。

　　そもそも総合治水対策という言葉を創り出したのは、私と井上章平さんなんです[8]。治水というのは、川のいわば「線」の中で考えていたのでは限界があって、「面」で、つまり流域で考えなきゃいけないというのは、これは前々から言ってはいたんですが、実際に表立った議論でそういうのがなかなか通らなかった時代がずっとあったわけです。けれども、やはりどうしても流域を抱え込まなければだめだろうということで、何かいい言葉はないか、彼と2人で九州に出張したときに考えたんです。流域を取り込んで、ただし、都市局、住宅局の了解がなきゃ困るということで、それで施策の名前を「総合治水対策」という名前にしてお

7　尾田他（1998）pp.15-29

8　井上章平（1929-1995）徳島県出身。京都大学工学部土木工学科卒業。建設省入省後、1983年河川局長、1987事務次官、88年に退官後、1989年より自民党参議院議員をつとめた。

けば省全体として考えられるんじゃないか、というようなことから相談してつくった言葉なんですよ。彼が都市河川対策室長だったときだったかな。私が河川計画課長。それで帰ってきてから、その言葉をどんどん振り回し出したら、皆さん、そうだ、そうだということになりましてね。

　ただ、しかし、名前はともかく、内容の方は、そんな簡単にできたものじゃなくて、都市局、住宅局から猛反撃がありまして、流域協議会というものをつくるところまでこぎつけるのに、非常に苦労があったように思いますね。

この小坂の言葉を受けて、松原は次のように応じている。

　確かに、私は都市局にいて、その持ち込まれたときの雰囲気を知っていますが、都市局から見れば、一体河川局はどこまで入ってくるつもりなんだろう、という警戒感があったんですよね。私は「そんな物騒なところを宅地開発をしたって、まともな市街地と言えないじゃないか。欠陥市街地をつくって都市局はどうするんだ。だから河川局の注文を聞くのは当り前の話であって、線引きまで意見を言わせろと言ってこないだけいいんじゃないか」と局内では言ったんですけれどもね。それまで河川局が、河川区域の中だけにとどまって「排他的に寄せ付けない代わりに、そこから先は口を出さない」という伝統を変えたものですから、各局は少し戸惑ったんじゃないでしょうかね。

河川局と都市局の当時の関係がよくわかるし、事前にフォーマル、あるいはインフォーマルな調整があったとは想像できない発言となっている。
　司会の尾田は「『総合治水対策の推進について』という通達の形でまとまったのが昭和55年ですが、それに至るまで、確か近藤さんは現地、京浜の方で総合治水対策にご苦労いただいたようですが……」と近藤に水を向ける[9]。なぜなら総合治水が緊急に必要と思われていたのは鶴見川と大阪府寝屋川だったからだ。近藤は次のように述べている。

　多摩川の水害裁判が始まって、多摩川よりはるかに危ない鶴見川が災害になったらどうしようというのが、まず所長になって一番感じたことです。「破堤したら棺桶3けた、3けたも多い方だぞ」と、それぐらいは覚悟しろと現地で言われました。毎朝出勤途中で景色を眺めていても、地形が変わっていくのがわかるんです。河川のすぐそばで、河川の敷地より2メートルぐらい低い沼地が、ある日突然どんどん市街地になっていくんですよね。あちこちから建設残土を持ってきて今度は高く埋め立てるわけです。そうすると今度は既成市街地の方にどんどん水が行くんです。それこそもう夕立ぐらいで水害が起こっているわけですね。これは何とかしなきゃいけない。それで当時、横浜市の下水道局長、都市計画局長、それから横浜市の地元の区長さん、川崎市、稲城市、町田市にも入ってもらい、鶴見川の治水問題を考える会議を開きました。そのとき議論したのが、都市計画行政の方でも、例えば市街地をつくるときは防災調整池をつくってください。遊水池を埋め立てるときには、少なくとも同じだけの遊水機能をどこかに確保してくださいというものです。そこは皆さん大変賛成していただいて、こうした仕組みが鶴見川で独自に動いていたわけです。

　当時は、長良川が破堤し、河川局は3年連続の大破堤だったため大ショックで、本省では「もうこの際、恥も外聞も無い、打って出るんだ」ということになった、と現場で聞きました。たまたま鶴見川でこれだけ進んでいたものを、うまく都市河川対策室で取り上げて以後これをモデルにしていました。鶴見川では、「総合治水」という言葉は使わず、「流域水防災」と言っていましたね。つまり、「治水」というとやはり河川局らしいにおいが出てしまうので。この問題は流域全体で考えていただきたいという姿勢で臨みました。

　続けて近藤は以下のエピソードを披露する。

9　京浜は、京浜河川事務所を指す。

宅地開発指導要綱を千葉県がつくって、その後、連鎖反応で各自治体がつくり出したことに対して、正直言って本省の宅地開発部門は大変ネガティブな対応だった。だから、それを鶴見川に持ちこまれると大変だなと思いました。当時、自治体は、何平米開発すると賦課金を幾ら取るという方向でしたよね。それはまずい。金を取るのはおかしい。だけれども、水害を生じさせないような対応策をとるのは当然の義務ではないか——という話を現場から本省にお願いしました。

それを受けて、松原は以下のように述べる。

　あのとき、都市局や住宅局の中では、「河川局は大河川ばかりに予算を回して中小に回さない。そのために宅地開発にブレーキをかけに来たんじゃないか」と勘ぐりをしていました。

河川局と都市局、住宅局が常に調整をとっている様子は見えない。また、近藤の鶴見川の話は大変興味深い。当時横浜市は飛鳥田革新市政、東京都は美濃部革新市政、他にも革新自治体が特に都市部に多く、議会決定が不要な「要綱」を独自に定める動きが出ていた。第1号は川崎市で定めた「宅地開発要綱」であった。当時、郊外の大規模住宅受け入れ自治体の行財政問題を、行政法の立場からは「開発における国の機関委任事務と、自治体の自治権確立の対立」と捉える観点が存在し、大規模住宅を受け入れた自治体は、開発者に相応の負担を求めた「宅地開発要綱」を定めつつあった。これは「要綱行政」という言葉で定着し、中央に対する地方自治体の自立性を示すものとして見なされていた[10]。この文脈で捉えるならば、本省が否定的な対応になるのも当然である。しかし、自治体が開発

---

10 中庭（2010）p.51。このような状況が生まれたのは、大都市近郊自治体で日本住宅公団や公営住宅が都市計画に則り建築されても、道路や上下水道、小中学校を整備するのは地元自治体の役割とされているため、自治体の財政が一気に悪化する可能性があったからである。「団地お断り」を謳った自治体もあった。

受益者に負担金を要求する論理も、自治体の独立性を促し過剰開発を抑制する意味では検討すべきシナリオだったかもしれない。しかし、それは河川管理の都市に関する部分を自治体に委ねることにつながるため、河川局としては受け入れ難いものだったのだろう。

　この近藤の発言は、当時の革新自治体による要綱行政が華やかだった頃の言とはいえ、ここに既に総合治水の開発負担問題が、都市局・住宅局との調整がほとんどない中で、顔を出していたとも言えるのではないか。

第 3 節　河川と下水の関係

　先の座談会には、総合治水のテーマの前に、昭和50年代以降の河川行政について語っている部分がある。これは、言わば総合治水に関する考え方の前提になる部分として、貴重である。

　昭和50年代以降の河川行政について、小坂は次のように口火を切る。

　まず河川と下水道との関係です。下水道は急激に予算が伸びて、治水の計画の進捗とどうも合ってこないという問題がありました。昭和48年ちょうど私が都市河川対策室長のとき、下水道部と相談して、流域面積2平方キロで一応区切ったのが、河川と下水道の区切りを決めた最初じゃなかったかと思います。ただし、それは今にして思うと、当時の市街化の状態を前提にしてやったんですが、その数字がどうも後になって手かせ足かせになってしまったところもあったように思います。

　また、河川管理に環境という問題が入り出したとき、「環境とは一体何だ」という議論を余りしないままに、見よう見まねで始まっちゃったというようなところがありました。も少し早くから学術的、理論的な議論をしていれば、河川の環境の問題も、もう少し形が変わってきたんじゃないか——。

　昭和45年の水質汚濁防止法のときにも、「そんなややこしいところ

に河川が入って行くのはいかがなものか」という意見が河川局の中にも
あったように思います。それで結局、汚水が河川に入ってからの汚濁状
況を調べたり、それを浄化するだけという、何か結果だけを見たような
行政になってしまったのではないか。本来は、流域や、そこで行われる
産業などの人間の活動、これらと河川行政とを結びつけてやらなけれ
ば、河川の環境というのは、成り立たないはずなのに、そこをギブアッ
プしていた――というところから始まっている問題が、現在もどうも尾
を引いているんじゃないかという気がします。

　この言説は、下水という技術が入ってきた時、河川と下水の役割分担が
曖昧であったことを示しているように思える。36答申はむしろ都市と下
水がイニシアティブをもったが、河川局ではまだ流域の産業の結果である
排水を、水質として捉えきれなかった部分があったのである。
　この河川と下水の割り振りについて、松原は当時を次のように振り返っ
ている。

　当時、どうして河川局は水行政の重要さということを、もっと社会に
主張しないんだろうかというのが、下水道企画課長時代の私の印象でし
た。下水が急激に伸びたのは、「公共用水域の水質環境悪化」という背
景があり、それに対して下水道の効能・必要性をはっきりさせていった
わけですが、河川局はそれに乗り遅れたんでしょうかね。それからもう
一つは、「総合的な水管理」という視点が、どうも甘かったんじゃない
かと思いますね。ちょっと厳しい見方かもしれませんけれどもね。
　当時、下水道部と河川局とが議論して、なかなか意見が一致しないと
きなんか、よく言ったんですが、「使えない、ドブに流れているような
水の流れている河川が何の役に立つのか。河川の水というのはみんなき
れいだという前提があるんだ。だから、もっと水質の問題については、
河川管理者が発言していいんじゃないか」と、こう言ったんですが、そ
ういう点はちょっと遅れてたんでしょうかね。

既に、河川水と排水の区別が下水関係者の中で曖昧になっている状況認識や、だからこそ河川と下水が水質を良くするために連携しなければならないという下水道局側の当時の認識がよくわかる。

<h2>第4節　建設省における河川と都市</h2>

では、この総合治水が俎上に上った当時、建設省各部はどのようなスタンスをとっていたのか。

これについて1976年11月に建設省各部局の専門官による座談会が開かれ、それが『河川』1977年1月号に「総合治水は対策はいかにあるべきか」に掲載されている[11]。出席者は以下の通りで、所管行政の考え方が異なる部局担当者と河川局メンバー9名である。

```
建設大臣官房政策課建設専門官　　　西　谷　　　剛
建設省都市局都市政策課専門官　　　井　上　良　蔵
建設省道路局企画課専門官　　　　　鈴　木　道　雄
建設省住宅局住宅建設課専門官　　　長 谷 川 義 明
建設省河川局都市河川対策室長　　　井　上　章　平
建設省河川局河川計画課建設専門官　玉　光　弘　明
建設省河川局治水課建設専門官　　　狩　野　　　昇
建設省河川局水政課課長補佐　　　　荒　田　　　建
建設省河川局砂防課課長補佐　　　　松　下　忠　洋
(社)日本河川協会常務理事　　　　　菊　地　大　次（司会）
```

玉光が初めに課題を整理しており、それに対して参加者が答える形なのだが、それを下記に一覧表にまとめてみた（表1）。

---

11 菊地他（1976）pp.14-32

表1　総合治水をめぐる建設省各局担当者の発言抜粋

提起された問題	左記に対する応答
河川局 1．流域開発の速度に治水整備が追いつかない。早急な治水施設整備のために流域開発による流出量抑制が必要。土地利用規制も必要だろうが、どういう方法がよいのかわからない。まず水源地で抑えることが必要で、治山・植林。流域開発の場合は開発地域ごとに防災調整池、小規模な遊水池を設ける。屋根、団地、工程に雨水を溜める。雨水を道路に浸透させる。（玉光）。 2．水害の危険な実情をもう少しよく流域住民に知ってもらう必要がある（玉光）。 3．流域の適正な土地利用を考えねばならない。同時に、水害の危険地における建物の建築様式の検討が必要ではないか。水害被害を少なくするために、条件により開発抑制し遊水地区にしておくか、ある程度の対策をして開発する土地にした方がいいのか土地利用の区分もあると思う。建築規制にしても建築を禁止する区域や、造る場合に地上げしたり、足高住宅を造らせるといったような防災上の構造を徹底していけるかどうか。それを実際に制度化できるかどうか、実施が可能かどうか、現行法制でできるか、新たな立法が必要か（玉光）。 4．水害に対する警戒体制、避難対策、水防体制についても新しい角度から検討が必要。	**1．道路** ①本来やろうとしていたのが未整備で今水害が起きているのか、②相当堤防を造っているが、お金が無いから暫定的にやっていたり質の面で追いついていないのか、③全くやる必要のない、プライオリティの低い所に流域開発が進み、そこに災害が起こり問題になっているのか、それらの兼ね合いはどうなのか（鈴木、道路）。 →（回答）治水施設の整備が遅れていたことにつきる。姫路の場合、ここ数年急速に都市が膨張する過程で広がって水害に弱い。都市の膨張発展に対応して治水施設が整備されていない、もともと水に弱いところに無原則に都市が拡がっていったと思う（井上、河川）。 →（回答）道路はストックが河川と違って低かったのでふえた交通量に対応するのがやっと。広島周辺では国道一本しか無い所に20、30万人の住宅団地が張り付いたため、交通事情が悪くなった。それで住宅団地をつくるときに、交通の問題を考えて、計画的にやってくれといっても、人の住むところが優先ということで張り付いてしまう。それで公共交通機関が無いのでマイカーを買って道路へ出る。道路でもまったく同じ事が起きている。全体的、総合的にやっていかなければならない。 危険区域掲示は非常によい。洪水時に水の出るところにどんどん家が建つ。 浸透性舗装は報道では考えられないことないが、幹線舗装は難しい（鈴木、道路）。 **2．住宅** 住宅局も道路局と同じような問題を抱えている。公営住宅は現在85,000戸の予算規模で行っているが、事業実施率は非常に低い。最大の原因は住宅団地周辺の都市基盤整備事業が行われていないことによる住宅地域立地の反対論みたいなものが非常にある。関連公共施設というような言葉で言われているが、一番大きな悩みは排水問題。用地は買えるが、事業が着手できない。住宅団地周辺がそもそも都市基盤が整備されていない。そこに整備された住宅団地だけができあがるのに反対という住民が強い。住宅団地をつくるときに、やはり周りの都市基盤整備事業というものを合わせてやらなければいかんということを痛切に感じる（長谷川、住宅）。

都市局	1．河川、治水の問題は、大きな一般の都市防災という観点からも捉えなければならないと思う。地震、火災、その他と同じような立場。大体都市問題はいろいろな要素の複合体ですから、従来の都市計画、その他の行政が、河川治水とどれだけうまく密着しながら進んできたかという点についてはいろいろ議論があると思う。そういう複合体としてとらえて、都市と河川が一体になって進んでいくような検討を真剣にやらなければならない。そういう意味で、今後河川局もいろいろな制度、その他を検討するということですが、これには積極的にご協力申しあげながらやっていくべきだろうと考えている。それが基本的に総合的な行政としての方向、姿勢じゃないかと思っている。 2．危険な区域を知ることは重要なこと。われわれがもっと反省しなければならんのは、やはり長い歴史を知ることが必要じゃないか。新しく入ってくる人たちも、過去この土地がどういう状況であったかの理解なしに立地し、住んでいる状況にある（井上、都市）。	
官房政策課	1．30年代は人口・産業集中傾向が大きかったが40年代後半はそれが緩んできている傾向がある。急増期に総合治水対策というものがなぜ出てこないで、ワンテンポいわば遅れて出てきたのか。気がついたらひどいことになっていたのか、集積というのはむしろ一波越えて出てくるから、放っておくと被害は大きくなり安全度は落ちるのか。回りくどく申しあげましたが、	1．高度成長期は30年代の後半からで、治水の整備が総体的に非常に遅れをとったのはこの頃。ただ、その頃は経済の高度成長が国民的に合意された何か決まった進路のような受け止め方をされ、すべてがその目標に追いつくんだという前提条件を置いていたようですね。治水投資にしても計画は立てていたが、そういった追いつき追い越せと設備投資と整備にだけ集中し、結果的にこうなってしまった。それから34年の伊勢湾台風以来47年の全国的な災害に至る間大きな災害が途絶えた。20年代前半に国の存立に関わる危機感をもって治水投資が20数％という時代もあった。そういうことでかなり整備したという自身もあったでしょうね。それが社会の変化が非常に著しい時期に来

官房政策課	素人的に言えば、これから先はむしろ人口・産業の集中がいままでより危機感は薄らぐのではないか、皮肉な言い方ですが、そんな見方もありそうな気がする（西谷、官房政策課）。	てワンテンポもツウテンポも遅れて今日に至っている最大の原因だと思っております。たまたま非常に恵まれた時期に遭遇していたことがよかったのか、悪かったのかということになるのではないかと思いますね。 　それと治水投資は金と時間がかかる。即効性のある事業ではないため、緊急度は薄れた見方をされることもある。道路投資を見ると非常にうらやましい。自動車が狭い国土に急激に増大するのは、何らかの形で整備しなければならないのはだれでもわかる。ところが治水事業となると、かなり間隔が違う。総論は皆さん否定される方は１人もいないが、さて投資配分となると、その選択の尺度がにわかに違ってくるというふうに考えてきますね（井上、河川）。 ２．タイミングがずれてるのはごもっとも。10年前ぐらいから不適格な土地にどんどん住宅が建ちたちまちある程度の水害にあった。そういうことに対する住民意識が非常に強くなったと思う（狩野、河川）。 →（応答）西谷 １．国政の方向が20年代は壊れたものを直す。30年代は産業振興して富を増やす。40年代から福祉という富んだ後のゆとりをもとめる時代になった。そこで何を求めるかというと身の回りの整備をもう少しやってくれないか、それと安全。ゆとりの上に福祉という言葉で語られるものがあるが、最初に気がついたのは日常生活施設であり、次が安全、というイメージをえがくと、これから生活投資と並んで治水投資の一つの展望があるという気は、観念的だけれどもする。そういう位置づけをもってよいのか。それとも、10年遅れてるんだからゆとりどころの騒ぎじゃなくて、切羽詰まった位置づけをしていくべきなのか（西谷、官房政策課）。 →（応答）1.ゆとりがあるとはちっとも思っていない。取り残された部分が相当ある。それと流域の開発の影響は徐々にきてる。それが集積されると大きな問題になる（井上、河川）。
河川局	１．流出の抑制が必要。個人で建てて、何年かして広い地域が宅地化する地域が今後いちばん大きな問題となる（玉光、河川）。	１．開発したことと、それが河川に付加する量的なものとの因果関係が非常に不明確で掴みがたいのではないか。現行法でも、開発する条件としてはその開発地が安全であると書いてあり、河川に原因を与えるチェックは欠けている。それはどのくらい下流に迷惑をかけるかということについて影響する者が多すぎて、当該開発だけを切り離して論ずることができないという気がする（西谷、官房政策課）。 →（応答） １．いまいろいろ調査している。大体の概数では設定できると思いますし、思い切ってやらなければいかんと思いますね（井上、河川）。

138

官房政策課	1．都市計画の市街化区域と市街化調整区域。市街化区域は、10年間公で責任をもって安全にしてあげます、住みよくしてあげます、こういう地域ですね。調整区域は勝手にしろと。この危険区域、はんらん想定区域が、もし市街化調整区域であれば危険のないようにお住みくださいと言えば済む。もし市街化区域にこれが入ると、10年という一応のめどのもとで公の施設の整備責任があることになっておりますが、おそらくはんらん危険区域には調整区域も市街化区域もあるでしょう。このへんの調整と問題でしょう。 　そうすると、どうしてくれるんだというところを乗り越えておかないと。情報そのものはやめろとは言わないでしょうが、その先の対応がいりますね。して10年でおおむねやれますと言わないとすると、一体都市計画の市街化区域という制度とどう結びつけていくかと……（西谷、官房政策課）。 2．そうするとこういうことですかね。いろいろな施設の一定の水準があるけれども、河川の場合は、今の治水5箇年計画でもって市街化区域ごとに10年間で、その一定の水準までは責任を持つことになっているから都市計画と、ちゃんと整合してますという説明（西谷、官房政策課）。	1．さて、それはどうなってますかな。なっていないですね。すでに遅れたものはしかたがない（笑）という言い方ですね（井上、河川）。 →（応答） 　それは公園でも下水道でも、何％になることをもって10年後の姿とするかということについては、相当妥協があるわけです。それは理想の姿はこうですがお金の関係でどうしてもこうなります。説明の仕方ととしては残念であるが、市街地の水準ですとこう言ってるんだから、その限りではやはり治水だって……（笑）（西谷、官房政策課）。 →（応答） 　その程度は……（笑）（井上、治水） →（応答） 　としますと、この危険区域というのは、それを越えた危険の部分なんで、いわばぜいたくな部分である。だからぜいたくな部分を選択するなら、選択しようとする人の責任でやってくれという言い方でやったほうが論理的にはすぱっと割り切れるんですね。つまりこのはんらん想定区域というのは、国あるいは公で責任をもつのは市街化区域ということでここまでとなっておりますから、それを越える部分をむしろ明示しておるのでそれは自己責任において処理していただく区域でありますと（西谷、官房政策課）。 →（応答） 　そう言い切れるほど確実性を持ってるんですか。持ってないでしょう、ねぇ（井上、河川）。 →（応答） 　下水道でもじゃあ全部国でやるというわけにいきませんから、それまでの間は、個々の家庭で浄化槽をつけたりしてやるわけです。河川でもそういう考え方が出てくるということですね。50ミリ降ったら水につかるのは仕方が無い地域ですよ、市街化区域の中でね（長谷川、住宅）。

　以上の表は、座談会全部ではない。しかし、アクターの総合治水というアイディアに対する認識の差異、アクター間関係がある程度判断することができる。

この座談会からわかる特徴は以下の点である。

第1に、総合治水の話題、すなわち川から都市に治水を広げるアイディアであるのに、都市局、住宅局、そして下水の話題が限定的にしか出ない点である。これは現在から見ると奇異に映る。対称的に、大臣官房政策課建設専門官の西谷が総合治水という「治水対策」とは異なる次元、すなわち「今後の建設事業の展望における治水」という観点から都市と治水の差異を明確にしながら整理に動いているように思えることである。ここから見ても、河川局では大臣官房との関係は調整していても、都市局、住宅局、道路局といった隣接全省的な調整が十分ではなかったことがうかがえる。

第2に、「都市河川が増加して対応しきれなくなった問題」と「車両が増えて道路整備が追いつかない問題」と「人口が増えても公共住宅の整備が追いつかない問題」、この三つの「問題」を「同じようなことが起きている」と道路局、住宅局が記している点である。基盤整備における需要増加の「文脈」の意味が異なるのだが、「同じ」と認識して発言している。

第3に、市街化区域との調整に、結局明確に答えていない点は、やはり不思議に思う。総合治水を素直に読めば、都市計画との調整が必要になるであろうことは予想されるが、行っていない。まるで、それは無理であることを見越して、ここに参加した出席者もそれを見越した上で、今後の着地点、即ちフォーカルポイントを探ろう、あるいはつくろうとしているようにも思える。

この座談会がたいへん興味深いのは、この場を群像劇のような戦略的プレイヤーが台詞を発し合っていると把握した場合、①河川局と他部局が対立し合いながら焦点を探り合っていると見るのか、②建設省全省で棲み分け方針は決まっており、したがって、各部局も方針は合意した上で、その棲み分けの制度はこれから決めることを示したと見るのか、二つの見方が出来ることである。意思決定コストが低いことや、西谷の発言を解釈すると、後者の②の見るのが妥当と思える。

さらに、河川局の中でも、総合治水が都市を含む流域まで対象とした治

水「政策」の「根本的な」制度変化であったのか、それとも、既存の棲み分けの中で将来の長期的な治水「事業」を目的に、その上位の「戦略的な新理念」として示したのか疑問が生まれてくる。当初の意図を断言はできないが、結果としては後者の説明が妥当であるかのように、治水整備事業が進んでいくことになる。

第 5 節　総合治水から流域治水へ

　総合治水対策（図1）では、1988年度（昭和63）までに全国17河川を特定河川とした。この事業はあくまでも流域の合意に基づくものであるため、対策実施の拘束力の弱さの課題が指摘されることになる。これを踏まえ、2004年（平成16）には特定都市河川浸水被害対策法が施行された。

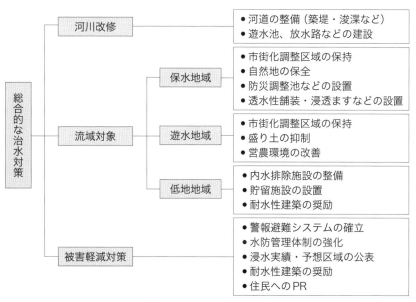

国土交通省資料より

図1　総合治水の体系

特定都市河川浸水被害対策法では、流域の合意に過ぎなかった流域対策が、法律に基づく義務として開発者に課せられるようになった。

東京では中川・綾瀬川流域が総合治水対策河川に指定された（昭和 55）が、それが一定の実を結ぶのは「首都圏外郭放水路」で、1993 年（平成 5）に着手され 2006 年（平成 18）6 月に完成し、地下 50m を総延長 6.3km でのトンネルで、大落古利根川―江戸川を結んだ。これを可能にしたのは、2000 年（平成 12）に成立した「大深度地下の公共的使用に関する特別措置法」により、民有地であっても公共用地であれば地表から 40m より深い地下を活用することができることになったことによる。

総合治水というアイディアはほぼその構造を変えず、当時から使われていた流域内での治水を継続させている。ただし、現在では流域治水という言葉が使われている。これについて、国土交通省は次のように説明している。

　　流域治水の概念自体は人口増加の最中であり、宅地開発等が急伸していた昭和後期よりすでに存在していたものであるが、人口減少期を迎え、開発の鈍化が見られる今日においても、上下流バランス等の理由により通常の河川改修が困難な箇所や局所的な開発等により新たに浸水リスクが高まる恐れのある地域等においては流域治水の概念は有効なものであり、都市部に限らず、適地があるならば全国で推進すべきものである。また近年増加する局所的な豪雨に対して、流域対策は有効と考えられており、100mm/h 安心プランといったスキームを用い、河川管理者・下水道管理者・沿川市町村が連携した上で、一体となって対策に取り組むことが重要である [12]。

総合治水の「理念」は、流域治水の「理念」とほとんど変わらずに現在も生き続けている有効なアイディアと言えるだろう。そして、その中で河

---

12 国土交通省水管理・国土保全局治水課（2018）

川整備の予算は増加し続けた。

第 6 節　棲み分けの調整方法

　総合治水、流域治水のアイディアの推移を見ると、総合治水とは「理念のアイディア」であったことがわかる。表だった拒否権プレイヤーができるだけ少なくなる理念のアイディアを枠組として合意し、その中で省庁再編期までは治水事業費を増加させていったのではないか。「事業実施の制度」と「理念の制度」の相乗効果を発揮したのではないだろうか。このように解釈するならば、総合治水、流域治水は、達成されないことに意味がある。その中で、整備点が浮かび上がり「事業費アイディア」が次々と浮かぶからである（図2）。このような制度運用を当初から意図していたかどうかは不明だが、結果としてそのような構図に解釈することは可能だろう。

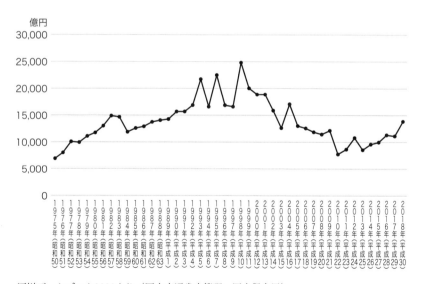

河川データブック2020より（国土交通省水管理・国土保全局）

図2　治水事業費推移

道路事業費も同様だが、1998年（平成10）がピークとなり、以後下降傾向に転じるが、2014年（平成26）の社会資本特別会計の一般会計化により、事業費が増加に転じている。1990年頃までは事業を生み出す一定の効果を発揮したのではないだろうか。

　2014年（平成26）には水循環基本法が議員立法で成立し、健全な水循環が目的にされた。総合治水では面としての流域が対象であったが、水循環は「水が蒸発、降下、流下、又は浸透により、海域等に至る過程で、地表水又は地下水として河川の流域として循環すること。」と定義され、地下水や森林など極めて幅広く、立体的な循環にまで及んでいる。

　水循環基本法が、他省庁と調整の結果出されたとは思えないが、達成できない「理念のアイディア」を枠組に、個別事業のアイディアを浮かび上がらせる制度として機能するならば、治水・利水関係者には一定の合理性があると言えよう。水循環基本法の原案では「統合的水管理」を目的と示していたが、成案では「総合的かつ一体的な管理」と修正されている[13]。この点からも、理念の制度としての役割を意図していたのではないか。今後の政策過程で明確になっていくであろう。

13 宮崎（2014）

第 **7** 章

東京─都市と水道の制度の行方

第 1 節　東京 —— 都市と水道の制度

　ここまで東京の上下水道、河川の点景を描いてきた。東京の水開発は、増え続ける人口に対応するために行われてきたと言っても過言ではない。そして、それは 2020 年現在も続いている。

　東京における水開発についてのアイディア群を総括すると、結局、上位システムである都市化システムについて語ることにつながる。これまでの記述を踏まえて、東京の都市開発と水開発の特徴を列挙してみたい。

（1）人口増加基盤による経済成長の制度として水開発を捉える —— 集積のメリットを阻害しない

　人口増加を経済成長と結びつけ、人口増加に常に上下水道開発を適応させてきた。それは広域化も生み、首都圏水利秩序と呼べる圏域を出現させた。一方水を制約条件として人口抑制に動くことはなかった。

（2）都市の立体化に水を合わせる

　道路や管路の公共用地が少なくなっていったのが昭和 30 年代の首都改造の時期である。この時、「都市の立体化」アイディアが受容され、開発のアイディアとして制度化されていった。

　都市の立体化は、その後、2000 年代になると第 2 の局面を迎える。集積のメリットによる不動産投資を呼び込むために、都市再生の呼び声の下、再開発地区は高層化・高密化していった。用水・排水共に増加するが、それに適応すべく処理場や水路を整備していった。

　2020 年現在、道路の下の水路や「神田川・環状七号線地下調節池」といった施設が整備され、実際の都市水害防止に効果を出している。人口増加に応じて、水路・管渠も大型化し地下化している。

　現在の東京の水は、巨大技術と極めて人工的な環境に支えられている。しかし、その管理思想がどのようなものか、判然としない。

（3）宅地コントロールを積極的に行わない

　人口増加は宅地の増加となって現れる。1960年代の郊外乱開発の多く
は宅地開発によるものであるが、これまで政府レベルとしては宅地規制を
積極的に行ってこなかった。自治体レベルの要綱行政で宅地規制を行った
例があるのみである。結局、これが拡大する都心部雇用者への住宅提供に
つながり、農地の宅地転用を促すバッファーゾーンを生んだ。それが「郊
外地域」である。

　一度生まれた、消費者に特徴的な需要を生む郊外は、都市のサブシステ
ムとして人口増と第三次産業の集積、さらに住宅・不動産産業、居住者の
土地資産価値のポジティブ・フィードバックを生み、便利な郊外居住とい
う共有されたアイディアがシステムとして制度化し、レジームとして定着
していった。一旦システムとして定着すると、それをヨーロッパの都市の
ように、もう一度農地や生態系保全地域のような用途に転換するには、膨
大なスイッチングコストがかかると、予想されてしまう。技術的にも制度
的にもロックイン効果が発生するのである。これが郊外という制度システ
ムであって、国土における東京都市論と郊外論は一体である。

　水に関わる問題が、大規模な宅地開発を契機に発生してきたことを記し
たが、それは変更されずに、水道・都市河川も宅地開発を主とする都市開
発に適応する形で整備されてきた。

　高度成長期、多摩地域では、「三多摩格差の是正」という理念アイディ
アの下、上水道では都営一元化事業、下水道では流域下水道整備事業が、
共に「広域化」のメリットを得るためとして行われた。どちらも宅地の制
限は行われず、広域化で人口増に適応していったのである。

　以上を一言で言うならば、都市化への抑制を最小限にして、水開発・利
用を行ってきた都市が東京と言える。これは、土地開発規制・用途規制を
巧みに行っているヨーロッパ諸都市と比べても目立った特徴である。東京
は、けっして「当たり前で、自明な都市」ではない。

第 2 節　東京 ── 都市と水道のこれから

　2014 年に地方の人口減少が問題化され「地方創生」が 5 年計画で進められたが、そこで生み出されたのは自治体間による人口の社会移動の取り合い競争であった。そして、結果として東京大都市一極集中を進める効果をもってしまった。都市再生政策が並行して続いていたことも、その一因と言えるだろう。

　しかし、これは「国土政策」としては困ったことである。水に限っても、河川上流部の森林保全や砂防、地下水の涵養、農地の拡大と農業の効率化といった水循環活動のアクターが減っているのである。

　しかも、気候変動や巨大地震等の災害リスクが高まっている。これまでのスタイルの水利用社会を考え直さなければならない。

　人口減少はベビーブーム世代が退出していくという意味では当然のことである。そして、減少した人口に応じた適正な許容人口を設定し、自然環境と人工環境のバランスを誘導する施策に移行し、現在のような水、土地の用途を転換するシナリオも考えられる。その時に必ず必要となるのが、都市の縮小政策である。実効的なコンパクトシティ政策と言ってもよい。

　都市化の範囲を縮小し、地方に投資の重点を移さなければならない。

　それは明治時代や江戸時代に戻れというわけではないし、戻ろうと思っても戻れない不可逆な歴史の上に東京が造られてきたことは、既述の通りである。

　国土全体の自然資本と人工環境を、適正人口で活用できるように、新たな国土政策のアイディアと技術が必要となる。人口を手放しに拡大しようとするのではなく、適正人口への誘導の発想が必要で、ICT やその技術が生むアイディアを国土に取り込むことが必要であろう。

　アイディアと技術こそが、自明となった制度・レジームを変える源である。一見、当たり前の主張のように見えるが、少子高齢化を越えて 3 世代以降も暮らせるような国土に縮小、保全、維持するアイディアと技術と

なると、けっして自明ではない。現在の開発アイディア・技術をリフレーミングしなければ、将来は創れない。

構築すべき水文化

この章では、現代の水文化という制度について取り扱う。文化人類学者のクリフォード・ギアツが述べるように、文化もルールの一つであり、その点では制度として取り扱うべき対象である。しかし、現代の多様な水文化を対象化し、構成主義的に未来の方法を語るには、一定の歴史へのまなざしと将来への構想力が必要で、論文には馴染まない所がある。そこで本章では、現在の水文化から将来に向けたアイディアを、批評という形で記してみたいと思う。

　筆者は2002年–2007年、無署名で、水文化をテーマとしたあるジャーナルの総括エッセイを書いていた経験がある。それを大幅に加筆修正し、ここに掲載する[1]。

　この後水文化を語る文脈となる社会は大きな変化を経験した。第1には2011年（平成23）の東日本大震災である。この震災により、人びとのリスクに関する感性は大きく変わり、水あるいは都市災害を身近な自分事と感じるようになってきた。第2にはここ数年頻発している豪雨災害で、気候変動に人々は敏感になりつつある。特に、2019年の台風19号では多摩川が越水し、タワーマンションが林立する多摩川右岸で内水氾濫が起きた姿は、都市化の脆弱性を印象づけたが、これも、豪雨に関するリスク感覚を変えた。そして第3には、新型コロナウィルスの影響である。集積のメリットをエンジンとしていた経済成長を、この事態は適度な距離を求め立地する「分散と集積のバランスがとれた社会」に転換する契機を秘めている。

　どの変化も、全国的なシステムとなったこれまでの「東京一極集中化」に疑問を投げかけている。

　システムを変化させるには、アクターが「良し」としているシステムの文化を、アイディアで変えることが一つの方法である。その一助とするために、評論という形式で、構築するべき文化について展望してみたい。

1　ミツカン水の文化センター『水の文化』11号（2002）–25号（2007）の総括エッセイの内容を、大幅に加筆修正して掲載する。

第 1 節　水道の「当たり前」を剥がす ── 水道文化

水道 ── 自明と思えてしまうシステム

　交通システム、流通システム、社会システム……と、世の中にはいろいろなシステムがある。システムは人がつくったものであるから、それをコントロールする管理思想を、はじめのうちは必ずもっている。

　中でも水道は厳格な考え方を要求するシステムの一つである。衛生的な水を需要に応じて安定的に供給しなくてはならない。大勢の命を支えるシステムだけに、そこにはゆるがしにできない原理があり、水道法に則った規準にしたがって水道局は水を管理している。

　水道が断水すれば飲み水、トイレ、洗浄にまず困るのに、通常は「蛇口から水が出るのは当たり前」と利用者は思いこんでいる所に、このシステムの強さがある。

　少し想像を働かせれば、数万人〜数十万人の人々に水を常時給水することが、いかに大変かはわかる。

　徳川家康における江戸と同様、都市に水道と排水路を建設することは、為政者の要諦であった。それは、飛鳥、平城京、平安京といった古代の都も同じで、現在でもそこを訪れると、いかに水が得やすく排水しやすい地か、さらには舟運に便利か、そのような視点で歩くとよくわかる。

　水道史家の堀越政雄は東京都水道局出身で、『日本の上水』(新人物往来社、1995)、『水道の文化史』(鹿島出版会、1981) では、江戸時代の城下町の水道を紹介している。水源の形態と消費地までの距離、利水や灌漑の方式、配水ルール、排水の方式などにより、水をめぐる城下町都市生活の一面を推測することができる。

　この水道が、私たちの暮らしとどのように結びついてきたのかを語っているのが、栄森康治郎の『水と暮らしの文化史』(TOTO 出版、1994) である。著者も東京都水道局出身で給水技術の専門家なのだが、人々の生活習慣と水道のつながりがよくわかり、東京でも大正の末ごろまで、江戸川

の水を飲む人が多く、お茶の味もよかったと紹介されている。さらに「水売り」という商売があったことが紹介されている。

「商売人にはいろいろある中で、水売りほど珍しいものはないであろう。（中略）その商売をする者は土工または桶屋等、いずれも本業を持って片手間にやっているが、桶の長さ90センチばかりの細長いもので、上に蓋を覆い、砂塵の入るのを防ぎ、一荷2〜3厘で売り歩くのもあるけれども、多くは月決めで毎朝水瓶いっぱい汲み入れ、一カ月25銭ぐらいと定めているという。だから、水に不自由していない者は、桶に二杯三杯の水をいたずらにまき捨てているが、一年3円に近い値を払って水売りの水を買い入れる者を見れば、どんな気持ちになるのであろうか。世の人は水を買う人の不自由を思って、一滴の水も無駄にしてはならない」

（『世事画報』明治31年10月）

　この話は、かつて都市生活者にとっても水は当たり前のものではなく、「苦労して獲得するもの」であったことがよくわかる。この記事が書かれた年の12月に、東京の近代水道、すなわち「鉄管を用い、濾過した浄水を連続して供給する有圧の水道」が通水する。
　水道利用文化に時代の差があるように、国による差があるのも当然といえる。鯖田豊之の『水道の思想〜都市と水の文化史〜』（中央公論社、1996）は、日本の水道が海外、特にヨーロッパと異なるのは、ヨーロッパが水源の選択を重視すること、そして、水質汚染のリスク分散のために水源を分散することと述べ、チューリッヒやシュットガルトの水道事例を紹介している。
　確かに日本の水道法では、水道の目的を「清浄にして豊富低廉な水の供給を図り、もって公衆衛生の向上と生活環境の改善と寄与すること」とし、水源の選択についてはほとんど触れられていない。日本の水道は、まずは衛生施設なのであるが、衛生を実現するためのアイディアがヨーロッパとは異なるのである。

　さらに、この書では、食事の際に水を飲む習慣がヨーロッパには元々なかったことを紹介している。代わりに飲んでいたのはアルコール。その代用品として後に登場したのがミネラルウォーターである。その点は日本でも同様で、かつて食事の時に飲んでいたのはお茶であった。そのお茶が水に代わるのは戦後のことで、アメリカ人の食生活スタイルが普及してきたためであるという。水での洋風食事に次第に慣れた日本人は、1970年代に塩素の過剰投与で水道水が不味くなりだすと物足りなくなり、1980年代のミネラルウォーターブームにつながるという記述を読むと、「衛生的な水道水を飲む」ということが当たり前には感じられなくなってくる。

水道が当たり前になるシステム

　水道は当たり前と記したが、水道への安心と、水道への信頼は、全く別の事柄だ。

　安心と信頼の区別は、山岸俊男の『信頼の構造〜こころと社会の進化ゲーム』で知られるようになったが、信頼とは、不確実な状況を自分で判断して「大丈夫」と思うこと。これに対して、安心は、そのような不確実性は存在しないと目をつぶり「当たり前」と思うことである。水道を当たり前と思いながらも、水に不満を抱いている人は、「水道に安心を抱いているが（つまり、当たり前と思っているが）信頼はしていない」と言い替えられるだろう。

　このように考えてみると、コレラ流行を止める衛生的必要を大きな目的としてできた近代水道は、人々に安心感と信頼感を与え続けてきた。川の水、井戸の水など水道の他にも近くに「きれいな水」があった頃は、汚い水にも敏感で、水道への安心と信頼は一致していたのかもしれない。しかし、東京では便利な水道の普及率はほぼ100％となり、蛇口は見慣れた風景となった。一方、川の汚染が進み、都市河川に蓋がされ、使える井戸も減少し、水は何も考えることなく蛇口だけをひねれば出るようになった。都市基盤整備により、水について判断する場面もなくなり、人々の安心感だけが膨らむ結果となったのではないだろうか。

どうも、私たちは水道のもつ量・質に関する不確実性やリスクに鈍感になってしまう環境——即ち都市システムに慣れすぎてしまったのかもしれない。

水が貴重になる時代の水道とのつきあい方

では、安心感にふさわしい信頼感を水道に取り戻すにはどうすればよいのだろう。

1995年（平成7）阪神淡路大震災、2011年（平成23）東日本大震災、多くの水害に直面し、そこでは断水が起きた。しかも、その断水の原因が管渠の問題だけではなく、停電による場合もわかり、災害時の水道システム、送電システム、居住システムが密接につながっている構造的な災害の一部であることも体験した。水が「当たり前」から「獲得するもの」に変わった時、人々はリスクを評価し、自分が調達した水を「信頼」して使うようになった。取水、浄化、利用、排水を自分の判断で行った世帯も多数出たに違いない。

このように、一度ならず水道のリスクを見聞きしたり、自ら経験した件数が増えている都市社会で、蛇口からきれいな水が出るのは当たり前と感じてしまう「安心の水道」から「信頼の水道」に私たちの見方を変えるにはどうしたらよいのだろうか。

何しろ、現在の日本は、高度成長期から半世紀以上たつにもかかわらず、水消費量が相変わらず多い。しかし、海外に目を転じると、水道のみならず灌漑用水も不足する地域が続出し、世界人口の三分の一は水不足に悩まされ、10億人以上がきれいな水を手に入れられない状態だ。しかも気候変動が激しくなる現在、否が応でも水循環に敏感にならざるをえない。地球レベルでは、水は「当たり前」ではなく、「貴重」なはずだ。

水道の規模

これまでは人口増大期を背景に広域化を進めてきた水道だが、人口減少期の現在、水の効率的利用、あるいは分散利用はできるのだろうか。

　この考え方を早くから提唱したのが押田勇雄編・ソーラーシステム研究グループの『都市の水循環』(NHK 出版、1982 年) だ。この中では「都市の中に水源を」と雨水利用の提言を行うなど、身近な水を使用することを提唱している。以後、共著者でもある村瀬誠のグループは、雨水利用に関して積極的に提言を行ってきた。

　水道の分散利用を支えるのはとりもなおさずユーザーである水道の利用者に他ならないし、目に見える範囲で近い水を管理しようという試みともいえるだろう。現在は地方都市の周辺部で中小簡易水道が実験的に使われているが、そういった技術とアイディアは普及するのだろうか。それとも、一定の規模の都市に設けられた水道システムがある場所に、人々は移動していくのだろうか。

　もし地方で暮らしたいなら、「水の新たな日常」を考えてみるのも悪くない。

　第1は、用途毎に多様な水源の水を判断して使用してみる。飲み水、トイレの水、洗い物、いろいろな使いみちの水を、水道、雨水、井戸水など、用途に応じて利用してみる。阪神淡路大震災の時に、苦労して集めたポリタンク2個分の水（1日の生活必要量）が、水洗トイレを2回流せばなくなってしまったという。

　第2は、近い水を守ることは重要だ。雨水、井戸水などは使っていないと、メンテナンスはおろか、その利用にまつわる知恵も伝えることができない。実は東京の多摩地域や神奈川県の秦野市など、地下水が豊富な地域はあり、それをうまく利用することは重要だ。利用していれば、守るインセンティブも生まれてくる。

　同様に、現在でも沖縄や島嶼部では屋根で雨水を集水し、タンクに貯留し利用している家もある。そのような雨水利用技術を組み込む住宅の商品化などは、すぐにでも実現できそうだ。

水道は誰が守るのか？を別の文脈で考える

　水道は誰が守るのか？　2018 年に水道法が改正され、民間企業が参入できるようになった。水道を公共で守ればよいのか、市場の力で守ればよいのか、コモンズとして守ればよいのかという問題にも目を向けざるをえない。一旦民営化された水道事業が、水道料金値上げを契機に結局公営化される例が、海外の事例、そして過去の東京市にもあった。ならば公共事業で行いたいという気持ちもわかるのだが、どうすればコストを下げられるのかは産官学民が共に考えねばならない問題だ。

　人口が減少するならば、「ある程度の密度」でまとまりをもったネオ集落のような形で水道給水範囲を狭めることは重要だろう。雨水貯留も水ストレスを柔らげる効果がある。それに、例えば東京都の水道水は高度処理されているので、その分、水道料金を値上げにしてもよい。結局、都市水道サービスの供給範囲が問題になるのならば、立地コストをコントロールして、分散化に向けることも一つのシナリオであろう。

　水道の文化は、結局の所、都市化の文化の一部であり、自然と都市の関係——即ち国土文化の一部である。上位の文脈を変えれば、水道の文化も変わるはずだ。

第 2 節　排水と廃水 —— 排水の文化

得体が知れない処理水

　かつては下水処理場とか汚水処理場などと呼ばれていた施設が、「水再生センター」等と看板をかけかえる例が増えている。見学コースを整備している所も多く、中に入ると処理水の中を魚が泳いでいたりする。

　水再生センターは、生きものが棲める程度の排出水基準に適合した水を排水している。例えば、東京都下水道局のウェブサイトを見ると、多摩川の中流の約 5 割が下水処理水と書かれている。下水道局は「下水道が多摩川の水質向上に貢献している」というメッセージを込めており、下水道

の普及率が上がり水質が良くなったという。

　水がきれいになった。

　このこと自体は、何も悪いことではない。下水道法、水質汚濁防止法等の法令を遵守し下水を処理し、きれいな水を排水し、川の水が清浄になるのは結構なことだ。しかし、排水がたとえ非常にきれいであったとしても、川の水量の半分が人工的な処理水であるという事実に、違和感を感じてしまうのはなぜだろうか。

排除するこころ

　この違和感の正体をつきとめてみようと、まずは身近な生活排水である風呂の水がいつから「排水」に変わるのかと自問自答してみた。

　排水溝に吸い込まれ、見えなくなったら排水なのだろうか？　それとも、汚れた時点で排水となるのだろうか。いや、汚れていなくても、「誰かが使った水は排水になる」という人もいる。さらには、自分ではきれいに使ったと思った水が、家の垣根を超えて隣家に流れこみ、いわば他人である隣人の目から見ると、排水と意識されるかもしれない。

　排水は、「利用する・しない」という観念を取り巻いて、「排除する」、「きれい・きたない」、「見える・見えない」、「境界を超える」等の要素と一体となって意識されていることにあらためて気づく。

　使用しない、排除された、きたない、見えない、境界を超えて侵入……等々、これらがいわば排水についてもっている私たちの常識なのだろう。

　このようなことを考えていると、ある場所を思い出した。いまでは水の観光地として有名になった、滋賀県高島市の針江地区である。ここでは、各戸に隣とつながった水路が家の中に引き込まれ、各戸にある湧水井戸もあり、洗い物もなされる「かばた（川端）」という小屋がある。利用者の洗い物の流し水はそのまま水路に落ちる。つまり、隣の人が使うであろうことをわかって排水を出すというしくみである。ここでは「自分たちが使う水に対して責任をもっており、誰が使ったかわからないから汚い水だという概念はなかった」と、琵琶湖をフィールドとしているある写真家はコ

メントしている。

なるほど。利用者が特定できるから汚くない、か。

「利用者が特定できる」ことと、「排水がきれい、きたない」が結びつけられている点が興味深い。

どうも、排水を単に「利用しない、捨てられた水」と客観性があるように捉えるのは適当ではないかもしれない。排水は文化的産物である。

変化を喜ぶこころ

この経緯を見事に描いているのが、都市計画家ケヴィン・リンチの遺作である『廃棄の文化誌〜ゴミと資源のあいだ〜』（工作舎、1994、原著は1990年に出版された "Wasting Away"）だ。

彼は、廃棄物と汚辱の結びつきを指摘するところから始め、「廃棄物は、人間にとっては価値がなく、使われないまま、外見上は有用な結果をもたらすこともなく、ものが減少することである。それは、損失、放棄、減退、離脱であり、また死である。それは、生産と消費の後に残る、使用済みの、価値のない物質であり、使われたすべてのもの、屑ゴミ、残り物、ガラクタ、不純、そして不浄をも意味することになる。身の周りを見渡してみると、廃棄されたモノ（廃棄物）、廃棄された土地（荒廃地）、廃棄された時間（無駄な時間）、そして廃棄された人生（浪費された人生）がある」と暫定的に定義してみせる。

その上で最後に「（廃棄と対峙するための）最大の問題は、私たちの心の中にある。純粋さと永続性に焦がれつつ、私たちは永遠に衰退してゆく術や、流れの連続性、軌道や展開を見据える術を学ばねばならない。（中略）私たちは、今を生きている。緩急の差はあれ、すべては変化する。生命は、成長であり、衰退であり、変様であり、消滅である。この連続性を維持することのうちに、喜びを見いだす術を学びたいものだ」と結んでいる。

ここでは、廃棄というものが実は心の問題であり、変化の中の連続性を維持することを喜べるかどうかに、廃棄の問題があるのだと見事に喝破し

ている。

　これは、「持続可能な開発」が理念として受け入れられている現在から見ても、大変深い洞察だ。なぜなら、持続可能な成長を目指す一方で、ついついわたしたちは衰退とか減少といった変化を怖れ、廃棄物を意識の外に追い出したくなるからだ。

帰りの切符をもたないゴミ

　この気持ちをルポルタージュとして描いてみせたのが、ノンフィクション作家である佐野眞一の『日本のゴミ』（講談社、1993）だ。時代はバブルの余韻冷めやらぬ頃で、目次を見ると「自動車の終わり」「紙の終わり」「食の終わり」など、廃棄物を「終わったもの」として表現している点が象徴的だ。

　その中で佐野は「水の終わり」という一章を設けている。80年代から流行っていた朝シャン族から筆を起こすが、それを責めるのは誤りとし、「ひとたび水に流してしまえば、あとは野となれ山となれ、と一切責任をとらない精神風土のなかで育ってきたわれわれ日本人には、トイレで流した水が再び循環して、水道の蛇口から流れてくるという思考回路が、恐ろしく欠如している。こうした傾向は、水源地および最終処理場の遠隔化によって、ますます助長されてきた。蛇口の向こうはどうなっているのか、トイレの汚水の行方はどうなっているのか。生産と再生産施設の不可視化によって、われわれは水を、消費物、廃棄物としかとらえられなくなってきている。いうなればわれわれは、みえないところから送られてきた水を、みえないところに送りつけている一本の管のような存在となっている」と指摘している。

　ここで佐野が問題にしているのは、誕生から終末までを一直線で結ぶような商品の流れという廃棄物を生む構造と、その流れを利用者が見ないことだ。

　では、江戸時代、排水はどのように意識されていたのだろうか。一つの手がかりは、元禄時代に書かれたと推定される当時の農業百科事典である

『百姓伝記』（岩波書店）の記述にも見てとれる。

> 「土民の家内にてつねに水をつかひ、雑具を洗ひ捨るながしは、分限相
> 応に水のもらざるやうに、板を以拵え、下水のはき所に桶をすゑ置て、
> 毎日の悪水を溜桶にうつし、くさらせて、不浄うめ水に合し、田畠のこ
> やしとすべし」

　使った水は腐らせて、し尿を肥料に使うための薄め水にしろと記してお
り、使った水は次の利用の資源として意識されていたことがうかがえる。

　もちろん、江戸時代だから使い捨ての廃棄物感覚などあるはずがない。
しかし、水が稀少であったために、水を大切に使いこなし、意図せざる結
果として水を循環して使うように排水がなされていたとは言ってもよいだ
ろう。

きれいな水が排水されるという違和感

　ここまできて、やっと「川の水の半分が処理水」になぜ違和感を感じる
のか、という疑問が少し解けてきた。

　第1は、廃棄物としての排水がいかにきれいであっても、処理されて
いる以上それはゴミであることに変わりはないと、自身のこころが思いこ
んでしまっていることだ。つまり、「川の水の5割はきれいな水の処理水
です」と言われても、受け取る側が「川の半分が廃水」と自動的に思って
しまうのだ。

　第2は、用水と排水は利用を間に挟んだ一つの流れであるにもかかわ
らず、「排水はきれいです」と言われると、つい取水して使い捨てられる
という一直線の水利用の流れを想像してしまう。

　第3は、下水道も上水道もその技術は巨大であるし、技術なのによく
見えないので不安が生まれる。川は自然の流れと思っていたのに、その半
分が処理水と聞くと、その技術の見えない巨大さを意識させられてしま
う。

　第4は、「川の半分が処理水」という言葉を見ると、そのような排除す
る気持ちの上に自分の生活が成立していることを、否応なくつきつけられ

てしまう。知らなければ幸せだったかもしれないのに、心の中の排水から目を背けられなくなってしまうといういらだちがある。

まことに排水は困った存在だ。

「川の半分は処理水だ」の何を困ったと感じ、どのように対応するか。

私たちの心が試されているのである。

それは、私たちがいま享受している便利さを担保している社会基盤に、どのように対するのかということでもある。

こころの排水に挑む

「こころの排水」に対するには、大きく二つの方法が考えられる。

一つは、「川を自然の流れにもどせ」と、取水量を減らし、一人ひとりの汚水排出量も減らし、地面の被服率を低め雨水の地中浸透を進め、できるだけ水を使い捨てず、使い回す。これは誰しも思い浮かぶ常識的な発想だ。もちろん、これらが重要であることは言うまでもない。自然環境のもつ水循環を回復させようということで、こころの排水に手をつけない分、誰からも異論は出まい。

もう一つはこころの排水に対して、真っ向から喧嘩を挑む方法だ。「川の半分は処理水だ」を受け入れ、それを忌避せずに、あえて利用してみるのである。

実はこのような思想を現実に実行している国が既にある。シンガポールだ。

シンガポールでは排水をそのまま浄化して、飲み水にした。

シンガポールは、東京特別区より少し広い程度の土地に、約560万人の人口が居住する都市国家だ。年間降水量は約2,100mmで、日本で言えば熊本市と同じくらいの量。けっして少ないというわけではないが、何しろ国土が狭く人口が多い。貯水池もわずかで、水の調達は国家的な大問題だ。水道普及率は100％なのだが、水需要の半分は、隣国マレーシアからの導水路に頼っていた。

そこで、シンガポールは1,000ガロン（約3,800リットル）あたり、

0.03 リンギット（約 0.9、2004 年 9 月末時点）の値段でマレーシアから購入し、両国間で水供給協定が 1961 年に結ばれそこで定められた。この協定の有効期限は 2011 年だったが、マレーシア側は失効を 9 年後に控えた 2002 年に、値段を 100 倍に引き上げることをシンガポールに要求した。いわば越境河川紛争ならぬ、越境水道紛争というわけで、シンガポールとしても、このままでは水を安価に購入することができなくなる。

　そこで自衛手段に出た。シンガポールは、家庭排水を逆浸透膜で濾過し、紫外線殺菌をし、それをそのまま飲料水として国民に供することになった。これが「ニューウォーター」で、一旦貯水池に混合され、再処理供給されている。こうなると、シンガポールに「廃水」はほとんどなさそうだ。

　さて、水が稀少になった時に、日本では同じような試みができるだろうか。おそらく、どんなことがあっても、処理水は、一旦は流れる川に排出し、自然の川の水とした上で、それをもう一度取水することだろう。シンガポールのようなことを行おうとすれば「排水など飲めるか」と下水道局に電話が殺到し、結果的にミネラルウォーターの売れ行きを押し上げるかもしれない。

　このことは、現在、日本ではある自治体の下水排水口の下流に、別の自治体の上水の取水口があることが「問題」と捉えられていることからもうかがえる。しかし、よく考えるとそれは、上流の排水を廃棄物と捉えているから問題と思うのであって、資源と考えれば問題ないのかもしれない。

　こころの排水から出発すると、わたしたちが常識という言葉で排水の何を排除していたのか意識させられる。そして、水は循環しており、次の利用を考えて大事に使わねばならないならば、排水は廃水ではないのかもしれない。

廃水にしない排水へ

　とはいえ、排水を廃水化しないように次の資源として人為的に水循環の中に組み込むのはやっかいだ。つねに排水そのものを監視していなければ

ならないし、利用者が排水を身近に感じないと、うまくコントロールできない。

どんなアイディアがあるだろうか。

例えば、合併浄化槽を集合させたコミュニティ下水道を設置し、居住者から成る下水道組合が管理する。つまり、メンテナンスは自分たちで行う。こうすれば、自分たちの排水管理も他人事にはできないだろう。

また、排水が見えるということも重要なことだろう。江戸の排水路は、実質的には見えたことで身近な存在であり続けた。戦後から高度成長期にかけて全国の水路に蓋がされたが、それを回復できるだろうか。都市河川復活の難しさはわかるし、蓋を開ければ事が済むわけでもない。しかし、人口減少局面では、地域の条件に応じて、まずは開けてみないことには話が始まらない。

排水と土地と都市

現在の日本では水質汚濁防止法をはじめ排水の水質については厳しい基準が設けられ、監視、罰則規定も設けられている。

制度は整備されているが、そうした制度がうまく働くかどうかは、生活者の力、いわば「社会の市民力」による。都市圏の中で水をうまく循環させ持続させるようにするには、いかに取水・配水・利用・排水を誘導するかという政策が重要となる。これは、産業政策でもあり、農業政策でもあり、持続可能な開発を目的とした都市の成長管理政策でもある。

それは、おそらく単一用途の空間をゾーニングするのではなく、広い空間を多様に使う土地利用だろう。これまで日本で常識だった一極集中型都市を転換し、多様な土地利用を促進することが必要となる。そのためには、都市で享受できる集積のメリットを抑制し、分散のメリット生み出す誘導策も必要となろう。

都心から数キロの場所なのに、水路が走り、農地も林もある。自分の家の排水を自分で処理したりコミュニティで処理する。人の家の排水が見えるし、それぞれが暮らしながら、町の中を走る水路を利用する。水路は景

観としても生きており、生活排水、雨水排水に用いるなど、流れが多面的に利用されている。オランダ・アムステルダムはこのような都市であった。

　結局、排水の文化は、土地利用に行き着く。

第 **3** 節　**水防の感覚 ── 治水の文化**

親水空間は浸水空間

　「戌（いぬ）の満水」と呼ばれる歴史的事件がある。徳川吉宗による享保の改革のただ中、寛保2年（1742年）の出来事である。この年の7月末から8月初めにかけて関八州、越後、信濃、甲斐を超大型台風が直撃し、江戸時代を通じて最悪と言われた大水害を引き起こしたのだ。この寛保水害の年が、旧暦で壬戌（みずのえいぬ）にあたることから、後年、「戌の満水」と呼ばれるようになった。

　松代藩の善光寺平では氾濫した千曲川の水嵩が6メートルを越えた。利根川も中条堤（現埼玉県行田市）が切れる等し、5日後にその濁流が江戸に達した。当時、深川は、江戸川と隅田川を結ぶ水路が縦横にめぐらされていたが、水路からあふれた水が軒先まで水につかり、町人は屋根に逃れたという。高崎哲郎『天、一切ヲ流ス』（鹿島出版会、2001）にはこの事件のことが詳しく記されているし、当時の絵図とその後に起きた信州の水害写真をあわせて洪水の実像に迫っているのが、信濃毎日新聞社編『「戌の満水」を歩く』（2002）だ。2019年台風19号で千曲川左岸が決潰する報道を見て、この「戌の満水」のことを思い出した。

　洪水の危険性は現代でも変わらない。

　日本の地勢と気候で、川の近くに居を構えることは、農業生産や商業流通、さらには低い不動産価格など、多くの利便を得やすい空間を選ぶことであると同時に、水害の危険性を選ぶことでもある。「親水空間」は「浸水空間」でもあった。

　水害は大変だ、と思うが、これも海外に行くと、その受け止め方に違いがある。例えばタイである。タイの雨期、特に毎年9月〜11月頃には、広範に渡り水に浸る。日系企業の工場が水害に遭い操業不能になったこともあるが、タイの人々は、水が来ると「またか」と、土嚢を積み、道の上に板を渡し、自衛している。自衛というといかにも積極的な感じがするが、どうも「抗がってもしょうがない」と、水に浸かりながら「やりすごし」、毎年同じことを繰り返しているという印象を受ける。闘うわけでもなく、といって、共に生きるという覚悟があるわけでもなさそうだ。毎年やってくるものに鷹揚に構えていればよいと、割り切っているともとれる。

　この浸水に対する感覚差は日本と対称的だ。この感覚差から「浸水へのリスク感覚と水防感覚」について考えることができる。

浸水を水害化させないための感覚

　ここまで、「洪水」「水害」「浸水」という言葉を無造作に使ってきたが、意味をはっきりとさせておこう。

　水が溢れ出て被害が生じることを、一般には「洪水が起きた」と言う。しかし、正確には、洪水とは「河川にふだんの何十倍から何百倍もの水が流れる」という意味である。溢れようが溢れまいが関係ない。それが、溢れ「溢水」し、さらに溢れ出て「浸水」し、被害を及ぼし災害と化すと「水害」になる。洪水と水害は異なるが、この違いをニュースでも区別していないアナウンサーがいる。洪水は「流量」が問題となる点で自然現象に近いが、水害は「被害」という、人のくらしと密接に関わった社会的現象ともいえる。

　浸水も、「溢れ出た水」と見ると、そのパターンも様々だ。タイ・チャオプラヤ川中流〜下流域では、水はゆるゆると時間をかけて迫ってくる。時には背丈ほどの深さになる地域も出るが、毎年毎年同じ時期にひざくらいまで水が来る。いわば「ゆるゆる低水位型」だ。一方、戌の満水のように、またたくまに屋根くらいまで水がおしよせてくるという「急速高水位

型」もある。水位や押し寄せてくるスピードによって、浸水への恐怖感も記憶も変わってくる。

　一方、同じ浸水も「水害」という側面から見ると解釈は変わってくる。誰も住まない荒涼とした土地が急速かつ広範に浸水しても、ほとんど水害にはならないが、バンコクや東京の中心地がゆるゆると浸水すれば、たとえそれが狭い範囲でもそれは大きな水害となることだろう。

　そこで、水害の危険を未然に「抑止」するためには、溢れさせないことが一番わかりやすい。現に、日本ではこれまで再三言われてきたように、連続堤防を高くし、ダムを作り流量をコントロールしてきた。しかし、一旦起こった浸水をいかに水害に転化させないか、あるいは小さな水害にとどめるかという「被害軽減」については、意外と忘れられやすいものである。

　実際に水害の被害に遭うのは、そこに暮らす居住者だ。ならば、他人任せにせずに、一度、当事者として考える必要がある。

水防とコミュニティ

　水害を防ぐには三つのレベルがある。

　第1には「自分自身や家族をどう守るか」。水家（みずや）のある家や、高床式住居を建てるのは、これにあたる。

　第2は、「自分たちの地域・仲間をどう守るか」。これは居住者の協力の上に成り立つもので、このことを「水防」と呼んでいる。

　水防活動は「協力すればうまくいく」と言えるほど、ことは単純ではない。なぜなら、水防活動の結果、守られる地域がある一方、反対に被害を及ぼす地域も出る可能性があるからだ。どこかの堤防が切れれば、他の地域は助かるというように、往々にして「あちら立てば、こちら立たず」状態となる。水害の常襲地域で上流下流同士や対岸の間で対立があるのも、このような事情によるものだ。

　第3は、「為政者が川を大局的にとらえてどう扱うか」というもので、これが「治水」である。

　大熊孝『洪水と治水の河川史〜水害の制圧から受容へ〜』（平凡社、1988）では、こうした区別を説明し、治水史を丹念に追い、力ずくで「洪水を防ぐ」のではなく、計画を越える洪水は溢れさせ「水害を軽減する」こと、つまり「溢れても安全な治水」を目指すことを早くから提唱していた。

　実は、日本の治水政策も、最近では人工的に誘導した遊水池や、地下水路をつくり、ここに溢れさせている。ただし公共事業としてである。その結果、安全になるのはありがたいが、いつの間にか、都市部では自分たち自身で水害から守る感覚を忘れがちになる。

　それに、水防組織は、現在消防団が担っているが、都市の組織率は高くはない。都市のコミュニティがどんどん弱体化するが、水防の考え方が変わらないというのは心配である。

水防を考えるにはリスク感覚から

　2015年頃からか、降水パターンが変わってきたように感じられる。1時間に100mmを越えるような雨が降れば、水路・管路は溢れても仕様が無いし、土砂崩れなども心配だ。

「浸水」を「水害」と感じる度合いは、①水に浸かることで生じる「得失」と、②浸水が起きるかどうかという「不確実性」の感覚の両方に左右され、この「得失が生じる不確実性への感覚」をリスク感覚と呼ぶ。50年に1度程度でしか水害が起こらないと予想されても、そこで失われる財産がかけがえのないものだと感じるのであれば、その水害は本人にとってリスクの高いものとされるわけだが、最近は「100年に一度の水害です」「今までに経験の無い雨量です」と気象庁からアナウンスされると、リスク感覚がわからなくなってくる。

　行動経済学のたとえ話になるが、医者から命にかかわる手術を受けるか否かを迫られている患者は、「この手術の生存率は40％です」と言われるのと「この手術の死亡率は60％です」と言われた場合では、意味は同じでも、明らかに前者を選ぶ人が多い。人は、利益を得る枠組みで話される

とリスク回避行動を取るが、損失が出る枠組みで情報を与えられるとリスク選好行動を取る。これを「枠組み効果」という。

　あるいは、水害常襲地域に住む人々は、何度も同様の出来事を学習してきたがゆえに水害のリスクを低く見積もる傾向があるという。これを「ベテラン・バイアス」という。「慣れは気の緩みを生む」ということか。余談だが、このことは、同じ災害でも「専門家」というベテランと、情報をもたない「素人」では、リスク評価が異なり、両者の意思疎通がうまくいかないという問題にもつながっていく。

　この他にも、自分が経験したことのないリスクを高く見積もる「バージン・バイアス」、大地震のように予想もできないほど破壊的な出来事が起きる可能性を「そんなことはあるまい」と低く見積もる「楽観主義バイアス」など、個人のリスク感覚は、当事者が過去に学習してきた経験や所属してきた社会環境等によって左右されるのである。

　文化人類学者のメアリー・ダグラスと政策学者のアーロン・ウィルダフスキーによる『リスクと文化〜技術的・環境的リスクの選択について』(Douglas,M. and Wildavsky,A. "Risk and Culture" University of California Press,1983) は、このようなことを「リスク感覚は文化によって左右される」と早い時期に述べており、リスク文化論の古典になっている。

　リスク感覚は誰もが共通してもっている。しかし、その度合いは社会的・文化的な要因によって左右されるのである。

水害リスクはゼロにはならない

　では、水害リスクを減らすにはどうすればよいのだろうか。

　現在、重要と考えられているのがリスクコミュニケーションの充実である。リスクコミュニケーションとは「当事者（個人・団体・集団）間でのリスクについての情報や意見をやりとりするプロセス」である。従来は、例えば、水害について熟知している専門家が住民に「説得や勧告」を行い、水害への態度を変えさせることがリスクコミュニケーションだと考え

られていた。

　しかし、現在では、水害の専門家も素人も当事者同士がフェアーな情報提供を行い合うことで、お互いの立場を理解しあい、リスクを軽減する合意に達することが、重要であると、考えられている。つまり、参加と自由な情報交換と合意形成がリスクコミュニケーションの本質である。

　したがって水害が起こる前に、被害を最小限にとどめるためにも、情報を共有することは非常に重要だ。ハザードマップは整備されているし、スマートフォンで防災情報が手に入る。自分の家を調べると、市街化区域なのに浸水危険区域にかぶっていることがわかったというような、笑えない話もある。

　また、過去に起きた水害・治水、川の歴史を知ることも、大いに有効だ。2019年、武蔵小杉のタワーマンション群や川崎市立博物館が水に浸かったが、かつての地図を見ると、多摩川の古い流路の場所であった。またタワマンが建つ前は、池があったり工場があった場所だった。つまり、地価が安い場所だったわけで、土地の来歴は重要だ。それを伝えることも、立派なリスクコミュニケーションである。

　現在では、スマホも活用し、災害タイムラインを設定し、日頃から訓練を行っておくことが重要なほど、毎年どこかで豪雨が起きる。

　ここでも、人口減少時代の河川の整備の前提として、都市の規模を小さくし、コミュニティを維持するようなソーシャル・キャピタルを厚くしないとならないという、都市分散化の考え方が必要なのではないかという予想が生まれてくる。

第4節　洗う文化と清潔感

「きれい」と「きたない」

　京都・清水寺に行くと、音羽の滝で水を飲む人々を多数見かける。アルミのひしゃくを使い、みんなが代わる代わる水をすくい取って飲む。新型

コロナウィルス流行中の今、さすがにこのような人々はいないと思うが、かつては普通に見られた風景だった。抗菌グッズが売れ、ミネラルウォーターに金を投じる時代だが、一方では、他人が口をつけているひしゃくを汚いとも思わない。こんな風景が懐かしい。

「洗う」という行為に生活者がどのような意味を読みとってきたか。調べようと思うと、水に求められる「きれいさ」、洗うことで落とそうとする「汚れ」感覚に目を向けざるをえない。

例えばフランスの社会史家ジャン＝ピエール・グベールの『水の征服』（パピルス社、1991）を読むと、19世紀フランスの富裕層でも毎日身体を洗うことが例外的習慣であったことがわかるエピソードが紹介されている。

> お湯の入った小さな壺が運ばれてきました。「今日はどこを洗おうかしら。」
>
> 「そうですね。」アルザス出身の女中が、ためらいながら、お国なまり丸だしで答えた。「顔にしますか、首にしますか」
>
> 「首ですって。だめよ。そこは昨日洗ったもの」
>
> 「そうですね。じゃ腕を肘まで洗ってはどうでしょう、それじゃ袖をまくってください」

ここでは「きれいさ」を、ことさら気にする風情は感じられない。

日本でも入浴という行為が例外的であったことは変わらなかった。日本の風呂はハレの場であった。日本人は風呂好きと言われるけれども、現在に近い入浴習慣が現れたのは、水道と風呂桶が家庭に普及する大正時代になってからのことだ。

三つの清潔感

わたしたちの清潔感には、少なくとも三つの規準がある。

第1は、自分の感覚にまかせて選び取る「きれいさ」だ。これを「程良いきれい」と呼ぼう。この程度の濁り水ならすすいでも大丈夫、この程

度の汚れなら洗わずに放っておこう……。きれいか、きたないかは、状況
に応じて自分の感覚で判断する。汚れ落としに骨を折った頃は、この見切
りが大事だったことだろう。「程良い」とは、「洗練された、粋の良さ」と
いう意味ももっている。程度をうまく見切ることが、美しさにつながるの
だ。

　『洗う風俗史』（未来社、1984）の著者で、花王石鹸社史にも関わった文
化史家の落合茂は、江戸時代末期の洋学者佐久間象山による妻の心得を説
いた言葉を紹介している。

　　「夫の衣類をば心に入れて度々見及び垢つきたるをば濯ぎ清め、損ね
　　たるをば取り繕い、いささか粗末なきようあるべし」　　　　（『女訓』）

　こうした点を説かねばならぬほど、暮らしの現場では汚れがごく身近で
あったのだろう。また、戦国時代に国産化され江戸時代には全国的に普及
する木綿が町人層まで行き渡っていたことも背景にはあるのだろう。いず
れにせよ、かつてはいろいろな状況により清潔を判断した「程良いきれ
い」の時代だったようだ。

　第2は、水の信仰的な力を現した浄化力に象徴された「きれいさ」だ。
これは「信じるきれい」と呼ぶことができるだろうか。フランス・ルルド
の泉の話は、「信じるきれい」を表現したエピソードだ。何千年にも渡っ
て水に宿る「心を浄化する力」を、信じる人にはもたらされてきた。

　第3が、公衆衛生の観点からみたきれいさだ。安全であることと同じ
意味で、「衛生的きれい」と呼ぶことができる。この観念が日本に持ち込
まれたのは明治時代になってからのことで、水道の整備と縁が深い。

　近代水道はロンドンでのコレラ菌大流行をきっかけに整備されたが、日
本では1887年に横浜で建設されたのが第1号だ。水道水は衛生規準で整
備され、安全が保証された水、つまり「衛生的にきれい」な水だ。

　すなわち、病原菌や有機物、有害物質を限度以上に含まない水で、大腸
菌はゼロ、一般細菌も基準値以上に含んではいけないことになっている。

当然、この規準は技術のすすみ具合や、予期せぬ問題が発生するたびに変わってくる。

　私たちの清潔感は、「程良い」「信じる」「衛生的」、この三つの側面をもっている。

家電革命

　上水道が日本全国の各家に普及したのは昭和30年代だ。1960年には約40％だった普及率が、10年後の1970年には80％近くまで上がる。上水道が「清潔感覚」の形成に及ぼした影響は大きかった。

　かつては、用途により、程良いきれいさを求めて、井戸水など異なる源の水が使われていたが、現在は常に衛生的にきれいな水を、用途おかまいなしに水道が供給してくれる。

　水道普及に合わせるように、洗濯機の世帯あたり普及率も1960年からのわずか10年間に倍増し、70年には10軒に9軒が保有するまでになった。

　家電革命は特に主婦に何をもたらしたのだろうか。NHK放送文化研究所の『日本人の生活時間2000』（NHK出版、2002）は、主婦の家事時間（洗濯、炊事、掃除）の推移をまとめている。1960年、主婦は4時間26分を家事に費やしていた。65年にはいったん下がるが、70年には4時間37分、そして、30年後の2000年には3時間49分と37分下がっている。これと女性の社会進出は関係しているだろう。

　家電製品が女性の家事省力化をもたらしたことは確かで、65年には、睡眠時間の延長が認められる。ただ、家事時間がその分減ったというわけではない。むしろ、革命的だったのは、洗濯をしながら「掃除」「炊事」などをする、「ながら行動」が可能になったことだ。このため、並列的に家事をこなすことができるようになり、省力化が大いに進むこととなった。

変わらぬ洗濯頻度？

さて、洗濯が楽になったら、人々の洗濯行動はどう変わったのか。

日本石鹸洗剤工業会は『「洗濯・掃除」に関する調査』（2001）を行い、首都圏に居住する 20 歳代未婚の一人暮らし OL、ならびに 20 歳〜 40 歳代の主婦、計 214 名に、1 週間の洗濯頻度を尋ねている。これによると、主婦に限ると「毎日」「週に 5 〜 6 日」と答えた人が 71.5％を占めている。2006 年の調査でも傾向は変わらないが、20 歳代の洗濯回数は週 1 〜 2 日となっている。

1 日の平均洗濯回数は、平日で 1.7 回、休日で 1.8 回。10 人に 7 人はほぼ毎日洗濯をしていることになる。これを多いと見るか少ないと見るか。

洗濯が楽になったからといって、まとめ洗いが進み、洗濯頻度が下がっているというわけではなさそうだ。もちろん、大型の洗濯機を置くスペースや、まとめ洗いしたものを干すスペースが平均的住居にはないという理由もあるだろう。OL や職業をもつ主婦の増加と時間価値の高まり、衣服収納の限界など、いくつかの要因が考えられる。ただ、やはり、変わらぬ洗濯頻度の向こうには「洗濯の手軽化」により、気軽に洗濯するようになった生活者像がすけて見える。

洗濯の手軽化は清潔感を変えたか

洗濯の手軽化は、主婦の清潔規準を変えたのだろうか。戦後の洗剤史は合成洗剤の時代とも言えるもので、その国内消費高も洗濯機と同様、急増した。

かつては、ほどほどに汚れが落ちれば良かった。服も綿が主であったし、油性の汚れも家庭ではそれほど多くなかったことだろう。ところが、洗濯機と洗剤が普及し、汚れが目に見えて落ちるようになった。なおかつ、その白さはきらきらと光る「真っ白」、漂白された白さであったし、清潔な「匂い」もついていた。いつのまにか消費者は「白く」ならないときれいになったと思わなくなったし、「きれいさ」の判断を行う術が失われてしまった。

そして、見落とせないことは、この清潔規準は「衛生的なきれいさ」という装いをまとっていたことだ。水道や家電製品、洗剤などの普及は、洗濯のような「洗う」行為を手軽化した。手軽化したというとは、衛生的な水を得ることも手軽になったし、汚れの程を判断する必要もなくなったということだ。

　水道や家電などによるくらしの「手軽化」が、「何がきれいか」という社会的・慣習的な判断基準を変えてきたともいえる。

　このように生活者のライフスタイルが激変すると、「程良いきれい」「信じるきれい」「衛生的きれい」、この三つの垣根が曖昧になってくる。正確に言うならば、この半世紀ほどの間に、わたしたちは「衛生的きれい」のみを考慮しておけば済むようになってきた。まさに、衛生感覚が清潔感覚を征服するようになったと表現できるかもしれない。

　この点を、スーエレン・ホイは清潔感とアメリカ的価値との関係を論じた『清潔文化の誕生』（紀伊国屋書店、1999）の中で、アメリカの生活者の中で清潔感が衛生感と同じ意味で使われ、白もの信仰が蔓延していく過程を描いている。

　一方、『汚穢と禁忌』を著した文化人類学者のメアリー・ダグラスは、リスク感覚と穢れ感覚や秩序感覚のつながりに注目している。けがれたものは危険なものでもあったということで、リスクと捉える感覚と意思決定に及ぼす文化の役割を指摘している（Mary Douglas & Aaron Wildavsky, "Risk and Culture", University of California Press,1983）。

　きれい、きたないという様々な意味を持つ清潔感覚は、その土地・その時代の文化をつかまないと、解釈できない。だがその文化が人びとの現実のライフスタイルを大きく変えたことを考えると、「清潔感の政治」は非常に重要と言える。

第 5 節　コンパクトシティと盆地地下水都市 ── 地下水利用の文化

盆地地下水都市・京都

　京都の地下には巨大な地下水盆があり、その水量は琵琶湖にも匹敵する。このエピソードは、ちょっと京都に関心をもっている人々にとっては有名な話らしい。

　確かに、豆腐、湯葉、西陣織、川床、友禅染め、貴船神社、等々、川や井戸水と上手につきあってきたために生まれた事物が京都には数多い。市中に井戸や湧水も多く、水を得るのもたやすいのではないか、と感じられる。

　都市が人口を養う力（人口支持力）を水の量が決めているのであれば、京都が持続してきた大きな要因として、その豊かな水を挙げたくもなる。

　しかし、果たしてそのように言い切れるか。

　もしそうならば、第 1 に、天水に依存している高地や、乾燥地帯に都市は存在しないこととなる。しかし、実際にそのようなことはなく、人々は水を気にしながらも、少ないなら少ないなりに都市を築いてきた。

　第 2 に、本当に京都は水が豊かな土地だったと言えるのだろうか。

　この疑問については「琵琶湖疎水」建設当時の逸話が参考になる。1890 年（明治 20）に造られた疎水は、現在も京都市民の重要な社会基盤として機能し続けているが、建設の目的は、第一には琵琶湖との舟運路の確保、そして、途中から水力発電が大きな目的となった。この疎水プロジェクトと工部省技師田辺朔郎の奮闘を描いたのが、田村喜子『京都インクライン物語』（山海堂、2002、旧版は中央公論社より 1994）だ。

　この中に、著者は当時の京都府知事北村国道と農商務省の南一郎平との間で、京都の慢性的な水不足を憂える場面をはさんでいる。

　　「閣下が琵琶湖疎水実現に熱心なのも無理ありませんな。京都は予想
　　以上に水利に乏しい町ですね」

「鴨川をごらんになりましたか」

「京都衰退の原因は遷都にもよるでしょうが、水不足が遠因ともいえますね。この現状では産業を興すどころか、飲料水にもこと欠くんじゃないですか」

「維新のころ、地方から上京したわれわれも、飲み水不足には困りましたよ」

「その点、太閤秀吉は先見の明がありましたな。太閤さんは伏見に城を築いた。伏見ならたっぷりした宇治川からの水利が考えられますから。もし鴨川に潤沢な水があれば、この風光明媚の地に構えたはずです。鴨川は水源からして水涸れでした」

　どうも明治初期の京都は、水を利用する庶民の間では「水不足の土地」として意識されていたらしい。しかも、表流水だけではなく、井戸水さえも涸れることがあったという。

　現在の京都は疏水のおかげで渇水の心配はない。また、菓子、豆腐や友禅染めなど、井戸を深く掘って地下水を使い続けて何百年もの生業を続けてきた所は多い。しかし、一方で、利用できる水が多いとは意識されていなかった頃もあったのである。

　「地下水量の豊かさ」＝「暮らしの場面で使える水の豊かさ」とは、ストレートに言いきれそうもない。むしろ、都市に住む人々の求めに応じて、水が豊富なら豊富なりに、少ないなら少ないなりに、技術と文化で水を引き、それを管理する社会のしくみをつくる。琵琶湖疏水はそのような都市と水との関係の象徴にも見える。

　同じことは、自動車交通が欠かせなくなっている現代の都市でも言えるわけで、人口が増え、都市が巨大化すれば、大量の水を遠方から取水し、大量消費され排水されるというシステムができあがってきた。居住者の求めが、水を調達する力を生み、その結果大量の水が集まるしくみができあがった場所、それが都市と言えなくもない。

　しかし、そのようにしてできた大都市は、いつかは壊れてしまうのではな

いか。そのような不安もあり、持続可能な都市、つまり、無理せず続く都市とはどのようなものなのか未だにいくつもの都市形態が考えられている。

拡大して続くか、無理せず続くか

　それでは、都市が持続する、つまり人口が一定の変動を経ながらも持続していくのはなぜなのだろう。そもそも、なぜ人は都市に集まって住むのだろうか。

　この疑問には、次のような説明が与えられている。都市が最初は行政の中心地や市から生まれたように、多くの人が集まる。多数の人が集まれば、多様な人が集まり、様々なチャンスも生まれる。職にも食にも困らないし、仕事するにも住むにも便利である。

　この循環は、人が集まれば集まるほど拍車がかかるわけで、もう住めないというくらいに混雑で不便さが増さない限り、都市に人は集まるというのである。都市の集積効果というが、一言で言えば、人が集まるから集まるという理屈である。その反対に、都市から遠い場所では、人がどんどん都市に向け流出し、過疎化も進むことになる。集積と過疎はメダルの両面である。

　実際、現在の東京である江戸は、当時は東京湾に注いでいた利根川の低湿地に造成され、水道が造られ、参勤交代もあり人が集まりだし、後背地では食糧増産のための新田開発が行われ、さらに人口が増えていった。人口が増えれば、当時は環境も不衛生になりやすく病気が流行することもあった。地方から都市に人が吸い寄せられ、そこで亡くなっていく現象を、歴史人口学者の速見融は「都市蟻地獄説」と呼んだが、明治になり近代水道も引かれ、江戸はどんどん肥大した。それは、高度成長期も同様で、郊外にベッドタウンが立地し、まさに、そこで生活する人々の求めが勢いとなり、都市化されていった。しかし、一方で地方の過疎化も進んだ。

　つい最近まで、都市は拡大する人口を収容し、活躍の場を与えるために拡大されてきたといっても過言ではないし、拡大することで続いてきたのである。

では、拡大によってではなく、無理せず続く都市とはどのような都市なのか、これがよくわからない。

集積と過疎のバランスがとれたコンパクトシティ

わからない時は、歴史を参照するのが賢明な方法だ。そこで目につくのが京都なのである。

京都は 1,200 年も続いている。もちろん、平安時代末期や応仁の乱など衰えを見せた時期はあったにも拘わらず持続し、近世以降は山紫水明と呼ばれるほどに快適な居住環境を提供してきている。人口も江戸時代はおおよそ 30 万人程度。現在は高層マンションが建ったり、南方に都市化が進み京都市人口がおおよそ 147 万人となっている。

これだけの都市でありながら、職住近接で遠距離通勤も多くはなさそうだし、小路に入れば道幅と建物の比率も快適だ。

適度な都市の集積がありながら、居住するには心地よい。集積と過疎のバランスがとれた都市。それが京都と言ったら、誉めすぎかもしれない。

この「程の良さ」がどこから来るのだろうか、という問いに、「盆地だから」というのは大胆すぎるだろうか。東京のように都市が横に広がろうにも、京都のような盆地では広がりようもなく、淀川に向かって開いた南方に向かってしか拡大できなかった。

都であったために適度な集積があり、都市が持続していく程度の人を惹きつける機会はあり、なおかつ盆地であるがために人口がそれほど拡大してこなかった都市。これは無理せず続いてきた都市の一つの型と見ても良いのではないだろうか。

ちなみに、このような都市機能が適度な地域にまとまって、エネルギーを効率利用できるような密度と範囲を維持している都市をコンパクトシティと呼ぶ。富山市はそれをモデルにしたが、なかなか立地適正化計画による誘導がうまくいかない。むしろ、コンパクトシティは、集積で得られる効果と過疎が招く影響のバランスを、土地に応じて適応させた都市と解釈し、様々な形態を考えた方が良いのではないか。その場合、盆地都市

―― 京都もその一つに入れたい気がする。

どこでも通じる知識と、地域固有の知識

　都市の集積と過疎という対比は、都市で得ることができる知識の性質にも反映する。都市には様々な人々が集まるが故に、最新で多様な意見や考え方が集まる場所である。ミュージシャンになりたければ東京や、世界の大都市ニューヨークを若者は目指すのである。そこに行けば、先端的であると同時に、普遍的な理屈、つまりどこでも使える専門知識を学ぶことができる。

　一方、過疎地でそのような知識を学ぶ機会は少ないかもしれないが、その地域固有の知恵というものがふんだんに残っている。さらに、最近は通信技術の発達により、過疎のメリットと都市のメリットが融合する、おもしろい例も出てきている。

　集積と過疎が適度なバランスをもった都市は、普遍的な知識と地域固有の知識の両方が尊重される都市でもある。

　京都もかつては日本の中心地であったが、一方で、京都固有とも呼べるような伝統へのこだわりも感じるのはなぜなのだろう。

盆地都市と守るためのスケール

　このような目で、あらためて日本全国の盆地を眺めると興味深い。盆地の底には都市があり、大体はその中心部を河川が貫通している。盆地と一口に言っても、川沿いに細長く広がる北上盆地のような場所もあれば、京都や甲府のようにいくつもの川筋が集まり、豊かな大地を形成している所もある。山辺では水は得やすいし、適度な勾配があるため用水も流しやすい。また、常に山が見え空間的な安心感を得やすい。一方、盆地の底は湿地である場合も多く、川が氾濫しやすいリスクもある。さらに、郊外に都市化が広がっていくような後背地をもたず、それゆえに自然とコンパクトに収まってしまっている都市。それが盆地都市だ。

　この盆地という地勢が影響を及ぼす文化のまとまりを「小盆地宇宙」と

捉え、多数の小盆地宇宙による日本文化の地域多様性というアイディア
を出したのが、米山俊直『小盆地宇宙と日本文化』（岩波書店、1989）だ。
この中で、米山は、文化統合のレベルが存在するとし、コミュニティより
上で、国家よりは下のレベルを盆地宇宙という言葉で、一つの意味ある地
域単位として位置づけた。

　盆地というのは、人間の生息感覚を生かし、都市の持続を考える上での
地域単位としては、なかなか良い単位なのかもしれない。

　盆地のもつ空間や文化のまとまり感は、さらに言えば、なわばり感覚を
生む苗床にもなりそうだ。

　「ここは自分が暮らし、稼ぐための住処である」と思うと、人は「自分
たちが暮らす上で必要な共同の資源がある場所」という意味で「なわばり
感覚」をもつ。漁師は漁場をそのように見たて、猟師は山をそのように見
る。このなわばりという言葉から、共有資源（コモンズ）管理をわかりや
すく説明しているのが秋道智彌『なわばりの文化史』（小学館、1995）で
ある。

　なわばり感覚をもつのは、何も漁師や猟師だけではない。都市で居住
し、都市だからこそ暮らしている人にとって、都市はまさに共有資源であ
り、守るべきなわばりであるに違いない。しかし、都市が巨大化しすぎる
と、自分のなわばり感のスケールに容易には収まらない。目に見えて都市
がまとまって感じられるスケールの空間というのは、都市を守っていく上
でも価値あるものなのではないだろうか。

京都の小宇宙

　それでは、盆地都市に住む人々のものの考え方というのは、どのような
ものなのだろうか。京都人について書かれた書物は数多いが、人同士のつ
きあい方という文化の根幹をなす事柄をたいへん率直に語ってくれている
ものに、村田吉弘『京都人は変わらない』（光文社、2002）がある。著者
は京料理店・菊の井の主人。これは京都人についての箴言集ともいうもの
なのだが、面白い部分を抜き出してみると

（同業者は）商売敵というよりも、みんなで京料理を守り立てて、良うなっていこうという考え方です。どっちみち一代では大したことはできませんから、今後、代を重ねていくなかでも、いい関係を続けていきたい。いずれ自分の孫が世話になるやろという気持ちがあるから、みんなの世話を進んでできる。商売には、長い年月のあいだにはどうしても浮き沈みがあります。誰かのところがしんどいとなれば、世話をしてあげる。いつか自分の所もそうなったら助けてもらわんとならんからね。

　ここには、料亭家業を背負っている主人の見ている目線の遠さ、時間感覚、家業を続けるということを目的にした合理的な協力関係が透けて見える。
　「京都人、とくに僕らのように商売をしている人間にとって、何よりも優先する価値観は『存続すること』です。百年後も存続しているためにはどうするか。この考え方がすべての根底にあり、判断基準となります。」と言い切っている。そして、「僕は自分の商売を企業やと思うてません。家業やと思うてる。（中略）企業は利益追求が目的ですが、僕らは目の前の利益よりも、存続の道を選びます」という。
　京都の方がみなこのように思っているはずはないが、京都の文化が個人のレベルでどのように捉えられているかがよくわかる。
　京都はかつては、天皇や公家に料理をだす最高の料理が集まる先端の知恵の集積地であったわけだが、同時に、京都固有の心持ちというものがここにはある。このバランスに、読み手は妙に納得させられてしまう。
　文化という面で都市を持続させるものは、文化の多様性を産み続けていく伝統的な気骨、それを合理的と感じさせる社会の暗黙の了解のようなしくみなのだろう。その背景に、現在にも生きている町衆の伝統と、京都を自分たちの住処と見る盆地の感覚を結びつけてみたい誘惑に駆られる。
　無理せず続く都市とは、多様な知恵と土地の伝統を無理してミックスさせて続かせている都市、それを可能にする適正な範囲をもった都市なのかもしれない。

盆地、流域、コンパクトシティ

　さて、盆地は英語で言うと basin だが、同じ単語で流域という意味も表す。流域は、分水界で囲まれた範囲で、降雨を集める河川の範囲に相当することから、盆地と同じ用語が用いられているのである。

　水循環を考える上で、流域単位の循環で捉えなくては実効的な政策を考えられない。盆地と流域という言葉のもつ共通点は、河川の上流～中流域で水の流入、流出を一つの循環単位として見ることである。このような単位を「盆地都市」の視点と呼ぶならば、対極にあるのが「平野大都市」の視点である。

　平野大都市は、河口部、港湾に適した海辺などを中心に後背地の平野に向けて拡大し、結果として大都市となったものである。都市の集積効果がどんどん進み、必要な水はどんどん増えるために、取水源がどんどん遠方に広がってしまい、水の循環範囲からはみだしてしまう。

　このような対比から考えても、これからの持続する都市を考える時、盆地・流域という地勢の単位は無視できない。

　コンパクトシティ政策は今後も続けられるであろうし、重要な国土政策上のアイディアでもあるが、具体的に「盆地都市」等、いくつかの形態を与えてみないと、効果がわからない。「モデル都市は富山市」と言われる状態が何年も続いている。もっと多様なコンパクトシティ「像」が創られねばならない。その時、コンパクトシティは理念アイディアから、事業アイディアに転換するであろう。

近代東京水政策史年表

		中央		東京の制度		上水道
1868 (明治1)	4.27	政体書、旧幕直轄地には県を設置し、地方支配は府・県・藩の三治体制となった	5.11	京・大坂・江戸は府とされ、江戸府が設置された。(旧江戸町奉行所の管轄範囲。朱引内)	6.	神田、玉川上水の管理事務は町奉行所を引き継いだ市政裁判所の所管となる
			5.24	烏丸光徳が知府事に任命		
			7.17	江戸が東京と改称される。江戸府は東京府となる		
			9. 2	東京府庁舎開庁		
1869 (明治2)	2.24	太政官が東京に移されることを決定	2.	朱引線を再設定。50区設置	2.	東京府は神田、玉川上水の工事事務を会計官営繕司に引き継いだ
			5.	一度東京府に編入した多摩郡50町村を神奈川県に移管	4.	太政官に民部官が追加設置され治水・利水関係事務はその所管となり、民部官水利営繕司が両上水の工務を所管
1870 (明治3)						
1871 (明治4)	4.	廃藩置県	4.	新たに東京府設置		
1872 (明治5)	文部省に医務課を設置し、衛生行政を担当		京橋一帯大火			
1873 (明治6)	文部省医務課が医務局となり初代局長に長与専斎就任					
1874 (明治7)					5.	ファン・ドールンが政府に「東京水道改良意見書」提出
					7.	東京府は玉川、神田上水の水質分析を文部省に委嘱
					10.	東京府、水道料金の徴収を始める
1875 (明治8)	7. 4	内務省衛生局に衛生行政が移管			2.	ドールンが「東京水道改良設計書」を政府に提出
1876 (明治9)					12.	水道改正委員設置
1877 (明治10)	西南の役				※コレラ流行	

下水道	河川	災害、その他
		7. 9 暴風雨、多摩川出水、和泉村 堤決壊、耕地一円冠水
	2. 民部省、治水条例制定	
10. 銀座に下水道溝渠敷設		9.24 前日暴風雨のため六郷川が出 水し、東京横浜間の汽車が普 通となる
		8.10 暴風雨により六郷橋が破損
		8.12 多摩川洪水、弁天橋流失
		9.17 六郷川洪水、六郷橋破損
		長崎よりコレラ伝播し全国の患者 13,710人、死亡者7,967人

	中央		東京の制度		上水道	
1878 （明治11）	7.	地方三新法「郡区町村変成法」「府県会規則」「地方税規則」	7.	麹町、日本橋、神田、京橋、芝、麻布、赤坂、四谷、牛込、小石川、本郷、下谷、浅草、本所、深川の15区設置。荏原、東多摩、南豊島、北豊島、南足立、南葛飾の6郡設置		
1879 （明治12）	5.	飲料水注意法通達			5-9.	アトキンソンが両上水井戸の水質調査
	7.	内務省に中央衛生会設置				※コレラ流行
1880 （明治13）						水道改正委員会が「東京府水道改正設計書」立案
1881 （明治14）			2.	財政は郡部・区部・共通の三つに分離運営する三部経済制スタート～1932		
			2.	東京防火令		
1882 （明治15）	7.	内務省内に東京検疫局設置				※コレラ流行
1883 （明治16）						コッホがコレラ菌発見
1884 （明治17）						
1885 （明治18）						※コレラ流行
					2.	ロンドン水道で細菌の日常試験が行われる
1886 （明治19）		衛生工学人材育成のためバルトンを帝国大学工科大学衛生工学教授に招聘	6.28	東京地方衛生会の決議により隔離病院4カ所設置		※この頃より水道改良論議が盛り上がる。西多摩郡でコレラ患者の汚物を多摩川で選択したことが事件化し、近代水道の設置要求高まる
	8.7	東京府をコレラ病流行地と認定				
1887 （明治20）					1.	水道公営の原則が定められる
					3.	横浜水道竣工
					6.	中央衛生会（会長芳川顕正、副会長長与専斎）が「東京ニ衛生工事ヲ興ス建議書」を政府に提出

	下水道		河川	災害、その他
				9.15　多摩川出水で六郷橋流失
7.	中央衛生会設立	10. 9	治水条例布達	コレラ全国大流行、患者 162,637 人、死亡者 105,786 人
				横浜にコレラ発生、全国患者 51,618 人、死亡者 33,776 人
4.30	内務卿山田顕義「水道溝渠改良等之儀」示達			
5.27	大日本市立衛生会設立			
7.	神田下水設計に着手			
神田下水大一期工事完了、第二期工事着工				9.17　川崎御幸村堤、羽田鈴木神殿堤決壊
6.10	神田下水工事打ち切り			長崎にコレラ発生、患者 13,824 人、死亡者 7,152 人
				7. 2　大風雨により多摩川が増水し、流出した材木筏で六郷橋大破
				コレラ全国大流行、患者 155,574 人、死亡者 110,056 人。同時に腸チフス大流行し患者数 64,000 人余

189

	中央	東京の制度	上水道	
1888 (明治21)		8.17　東京市区改正条例公布 10. 4　内務省市区改正審査会の方針として市区改正事業発表。市内15区を対象とした都市基盤整備。東京市区改正委員会設置		
1889 (明治22)	市制・町村制施行	5.　東京市区改正改正設計告示 5.　市制特例の下で東京市誕生。市域は従来の15区。六郡町村に町村制施行 8.　江戸開府三百年祭	12.　函館水道竣工	
1890 (明治23)	2.　水道条例公布。市町村による公営原則		2.12　水道条例公布 7.　「東京水道改良設計書」が内閣総理大臣の認可を受ける。バルトン案を中心に他の意見を取り入れた。最終的には中島鋭治による設計変更が行われた	
1891 (明治24)	12.　市区改正委員会で中島案による設計変更が認められる		11.　東京府庁内に水道改良事務所開設	
1892 (明治25)	6.　鉄道敷設法公布、内陸輸送は鉄道で進める方針確立		6.　淀橋浄水工場の用地買収交渉開始。翌年4月に全部の土地を買収 9.　淀橋浄水工場仮事務所建築の盛土工事開始 12.　新水路工事本格化	
1893 (明治26)		2.　東京府編入反対者、羽村の堰を破壊 4.　多摩三郡、東京府へ移管	10.22　淀橋浄水工場内で改良水道起工式挙行	
1894 (明治27)				
1895 (明治28)				
1896 (明治29)				

	下水道	河川	災害、その他
	10.30 市区改正委員会、水道優先論に基づき下水道工事施工時期に関する方針明示		
	7. 6 バルトン「東京市下水設計第一報告書」提出		8.11 甲武鉄道（新宿－八王子）全通
			9.23 多摩川洪水、調布村矢口村等4村の連続堤防決壊
	11. 7 上水下水設計調査委員、市区改正委員会に下水改良の延期、上水・道路・河川改良優先の再調査結果報告	6.21 水利組合条例公布	コレラ発生、患者数 46,019 名、死亡者 10,792 人
			8.22-24 台風により六郷村、矢口村被害
			赤痢大流行、患者数 167,000 人
			赤痢大流行、患者数 155,000 余
			7. 異常渇水で二ヶ領下流の農民数百名が上流の各取水堰を点検、堰の切り払い破壊などの騒擾を起こす
			8.11 多摩川増水
			コレラ発生、患者数 55,144 人、死亡者数 14,990 人
	12.22 内務省衛生局長後藤新平、中央衛生会に塵芥汚物掃除法案及び下水法案を諮問	4. 8 河川法公布。内務省所管。低水工事から高水工事への転換	7-12. 全国で暴風雨。東京では市内3,420 戸浸水

	中央	東京の制度	上水道	
1897 (明治30)	4. 伝染病予防法公布			
1898 (明治31)			12. 淀橋浄水工場より神田・日本橋方面に通水開始	
1899 (明治32)		10. 1 市制特例が撤廃され一般市制に。市役所開庁	1. 各戸の給水工事着手。順次給水区域を拡大 2. 濾過処理された浄水が給水開始 12.17 創設水道落成式を淀橋浄水場で実施	
1900 (明治33)				
1901 (明治34)			市内の旧上水を廃止 4. 水源涵養の目的で丹波山村、小菅村等の御料林を譲り受け営林事業を開始	
1902 (明治35)				
1903 (明治36)		日比谷公園開園		
1904 (明治37)				
1905 (明治38)				
1906 (明治39)				
1907 (明治40)				
1908 (明治41)				

下水道		河川		災害、その他	
		3.30	砂防法公布	9. 9	多摩川洪水
		4.12	森林法公布		
12.	下水改良事業に着手			9. 6	多摩川出水
				10. 6	多摩川洪水
3. 7	下水道法、汚物掃除法公布	6.	東京市、多摩川での砂利採取直営事業を起こし、六郷村に事務所を置く		
				コレラ発生、患者数 13,362 人、死亡者数 4,136 人	
				12.24	京浜急行（品川－東神奈川）全通
				8.24	台風による豪雨のため多摩川増水。砂利船百隻流出し、京浜電鉄専用橋の橋桁流出
3.29	中島鋭治「東京市下水設計調査報告書」提出（合流式採用）	8.11	玉川電気鉄道による渋谷－玉川間の砂利輸送開始	8.24	二つの台風で北多摩郡の堤防決壊。六郷川増水
				12.20	東京電灯（株）桂川の駒橋水力発電所（山梨県）を一部竣工し、東京への送電開始
3.16	東京市下水道設計案閣議決定	4.13	水利組合法公布	9.	甲武鉄道国有となり、中央線と改称
				9.29-30	多摩川大洪水。猪方村（狛江市）決壊

	中央	東京の制度	上水道
1909 (明治42)			4. 東京市区改正委員会は東京市の依頼を受け、中島鋭治に東京市水道拡張に関する調査を委嘱
1910 (明治43)			水源林事務所設置
1911 (明治44)	3. 水道条例改正。土地開発に必要な場合に限り、当該市町村に資力がない時は、元資償却を目的とすることを条件に、民営水道の布設を認める		3. 全工事を終了 3.29 水道条例改正 12. 中島は拡張計画として大久野貯水池案、村山貯水池案を提示。村山貯水池案を採用
1912 (明治45・ 大正1)		「第二次改正促進事業」～1918	9.7 第一次水道拡張事業が内閣の認可を受ける 12. 水道布設計画策定
1913 (大正2)	4. 水道条例再改正。当該市町村に資力がない時に民営水道布設を許可し、所定期間終了後の委譲を有償にし、期間満了以前の買収も当事者間の協議で定めることができるとした		11. 第一次水道拡張事業着工
1914 (大正3)	第一次世界大戦始まる	東京駅開業	
1915 (大正4)			
1916 (大正5)			
1917 (大正6)			
1918 (大正7)	4. 大都市隣接町村水道に国庫補助を認める		2.15 玉川水道（株）設立 4. 境浄水場工事起工 11. 玉川水道（株）調布取水所開設

下水道	河川	災害、その他
	荒川改修計画立案	6.　東京砂利鐵道（国分寺－下河原）開通
		8.8-15　二つの台風のため多摩川再三氾濫し未曾有の大水害となる
6.30　東京市役所に下水改良事務所設置	荒川放水路工事着手	8.10　多摩川氾濫
		9.1　多摩川洪水
12.20　第一期下水改良事業着工		8.27　六郷川決壊
		8.29-30　多摩川出水
		4.15　武蔵野鉄道（池袋－飯能）開通
		5.1　京王電軌線（笹塚－新宿）開通
		10.31　京王電軌線（新宿－府中）開通
		コレラ発生、患者数 10,371 人、死亡者数 6,264 人
		10.1　大暴風雨で東京湾に高潮襲来。沿岸大被害
		5.22　内務大臣官房に都市計画課設置

	中央	東京の制度	上水道	
1919 (大正8)		東京市区改正条例を引き継ぎ、都市計画法制定 東京府知事は中島鋭治に郡部給水計画の調査を委嘱		
1920 (大正9)		12.　後藤新平東京市長に就任		
1921 (大正10)				
1922 (大正11)			5.　臨時調査掛を世知市、大東京水道計画の調査を実施	
1923 (大正12)	10.11　後藤新平内務大臣に就任 マイアミ河治水計画ダム完成し、物部長穂見学	9.1　関東大震災	5.　大東京水道案を作成 5.　渋谷町水道給水開始	
1924 (大正13)	大同電力により木曽川大井ダム完成。初の本格的貯水池をもった発電ダム	川崎町、大師町、御幸村が合併し、川崎市へ	水道復興速成工事	
1925 (大正14)			第一期拡張事業着手	
1926 (大正15・昭和1)	物部長穂「わが国における河川水量の調節ならびに貯水事業について」発表 「河水利用増進に関する件」調査予算要求したが認められず。通信省、農林省と調整つかず	3.　東京市議会「将来大東京実現の場合を予想し、本市水道事業上百年の長計を立てられたし」という希望条件を可決 9.　「将来の水道拡張の水源は利根川に求められたし」という建議を可決	4.　目黒町水道給水開始 8.　江戸川上水町村組合給水開始 12.　荒玉水道町村組合が水道布設工事開始	
1927 (昭和2)	内務省土木局長通牒「河水利用増進に関する件」		橘樹水道株式会社（川崎市）設立、29年より営業開始	
1928 (昭和3)			応急復旧完了	
1929 (昭和4)				
1930 (昭和5)			第二期拡張事業着手	

下水道		河川		災害、その他	
	市衛生課、市費による無料汲み取り事業開始。翌年より有料			4. 5	都市計画法、市街地建築物法公布
				4.11	道路法公布
	第二期下水改良事業着工				コレラ発生、患者数 4,967 人、死亡者数 3,114 人
6.	警視庁水槽便所取締規則			4. 9	公有水面埋立法公布
12.	東京市下水道条例制定				
3.	三河島汚水処分場稼働				
9.	震災でこれまでの建設工事を一旦打ち切り。帝都整備復興計画に基づく整備を開始	1.	多摩川で味の素工場の排水汚濁問題発生	9. 1	多摩川両岸で堤防亀裂、沈下、陥没
				5.	財団法人同潤会設立
				9.17	台風のため六郷川増水、六郷橋流出
		10.12	荒川放水路完成		
	土木局下水課発足				
				4. 1	小田急線（新宿－小田原）開通
12.	木場ポンプ場運転開始				
2.	砂町汚水処分場運転開始				
3.	郊外 41 町村を対象とした「東京都市計画郊外下水道」計画決定				
3.	銭瓶町ポンプ場運転開始				

	中央	東京の制度	上水道
1931 (昭和6)			9.　大東京水道計画
1932 (昭和7)		10. 1　東京市に隣接する5郡82町村は市と合併し、新たに20区（品川、目黒、荏原、大森、蒲田、世田谷、杉並、豊島、滝野川、荒川、王子、板橋、向島、城東、葛飾、足立、淀橋、中野、渋谷、江戸川）誕生。旧市域の15区と合わせて35区の大東京市成立	8.　川崎市は二ヶ領用水水利組合からの分水協定を結ぶ 10.　隣接町村が東京市に統合されたため、公営水道は東京市の管理となった。会社経営の玉川水道（株）、矢口水道（株）、日本水道（株）は残った
1933 (昭和8)	東京府域に都制施行、都長官選案提出、廃案		
1934 (昭和9)			第三期拡張事業着工
1935 (昭和10)	5.10　内閣調査局設置		3.23　玉川水道（株）の東京市への買収、引き継ぎが終了
1936 (昭和11)			4.　東京市水道第一次拡張工事完成 7.　東京市水道第二次拡張工事認可 8.　東京市水道応急拡張事業着手 日本鋼管、昭和肥料、東京湾埋立の3社で川崎工業用水組織。その後川崎市営となる
1937 (昭和12)	「河水利用増進に関する件」調査予算認められる 5.31　内閣調査局廃止され、企画院に引き継がれる 6.　河水調査協議会規定閣議決定 7. 7　盧溝橋事件 利根川水系に21ヶ所の流量観測所設置		3.　矢口水道（株）を市営水道に統合 4.　第三水道拡張事業のため、水道水源調査委員会が調査。奥利根水源案を採用 橘樹水道株式会社、横浜市に買収される
1938 (昭和13)	3.　電力国家管理関係法成立		2.　相模川河水統制事業着工 厚生省新設に伴い水道行政は厚生省衛生局主管となる
1939 (昭和14)	日本発送電設立 6.　河水統制計画概要策定	東京緑地計画協議会が「東京緑地計画」公表。グリーンベルト構想を取り入れる。多摩を緑地帯と規定	3.　第三次水道拡張事業が、奥利根河水統制計画概要に位置づけられる

下水道	河川	災害、その他
3. 芝浦汚水処分場本格稼働		
3. 南千住ポンプ場稼働		
4.1 土木局下水道課から水道局下水道課に所管変更		
9.11 内務・大蔵省、地方債抑制のため、下水道の新設拡張を認めないことを市町村に通知		7.16 豪雨により多摩川大洪水
3. 上下水道行政、内務省土木局・厚生省衛生局の共管となる		
7.8 日本最初の工業用水道（川崎市）竣工		
10.15 東京市営屎尿処理業務開始		

		中央		東京の制度		上水道
1940 (昭和15)						
1941 (昭和16)						
1942 (昭和17)	10. 1	東京都制案が閣議決定され、翌年7.1より施行。都長は官選で多摩郡・島嶼を含む東京府範囲での都制施行				
1943 (昭和18)			7. 1	都制施行	6.29	川崎市よりの「東京市へノ分水協定」調印
					10.	東京市水道第二次拡張工事一時中断
1944 (昭和19)						
1945 (昭和20)	12.	戦災地復興計画基本方針策定			4.	日本水道（株）が東京市に買収された。東京都によって水道一元化が成立した
1946 (昭和21)	7.	第一次地方制度改革スタート	10. 5	都制改正案等施行	1.	水道復興について「水道運営要綱」を定めた
	9.	特別都市計画法公布				
1947 (昭和22)			3.15	区部35区が合併し22区制スタート	3.	「東京都復興に伴う上水道計画ー拡張事業を中心としてー」を策定
			8.	板橋区より練馬区が分離独立し、現状の23区となる	10.	東京都は東京市政調査会に調査を求めた。調査会は「第二水道拡張事業、特に小河内問題に関する調査報告書」を策定し、第二水道拡張が有効であると報告した
			4. 5	東京都知事選挙。安井誠一郎都長官が一旦辞任し立候補、当選し初代東京都知事に就任。同日、新22区長も選出		
1948 (昭和23)					4.	都議会で、拡張事業を中心とする復興計画が議決され、水道応急拡張事業、第二水道拡張事業、相模川水津尾拡張事業の3事業工事再開が決定された
					8.	水道応急拡張事業着手
					10.	小河内貯水池準備工事開始
1949 (昭和24)						

下水道	河川	災害、その他
		5-6. 異常渇水
9. 6 内務省土木局・計画局廃止、国土局、防空局設置。下水道行政は国土局道路課所管となる		
11. 1 衛生事務を警察部より内務部に移管		
6. 1 東京市下水道条例改正、下水道使用料徴収開始		
9.22 GHQ 上下水道および汚物処理施設の早急復旧を指示		
9. 1 キャスリン台風冠水により砂町汚水処理場機能停止		9.15 キャスリン台風で多摩川出水
7. 8 建設省設置法公布、下水道行政は都市局水道課所管となる		9.16 アイオン台風により多摩川出水
7.15 厚生省公衆衛生局に水道課設置、下水道行政は水道課と建設省都市局水道課の共管		
キティ台風で砂町汚水処分場が浸水。翌年復旧		6.20 デラ台風により多摩川出水
		9. 1 キティ台風により多摩川出水

	中央	東京の制度	上水道	
1950 (昭和25)	国土総合開発法	6. 4　首都建設法住民投票で可決、6.28 に 施 行。1956 に 廃止		
1951 (昭和26)				
1952 (昭和27)	7.　電源開発促進法 8.　地方自治法改正 8.　地方公営企業法	8.　区長公選制一時廃止。区長は都知事の合意をもって区議会が選任することになった。背景に都政と区政の統一性が問題視された「都区調整問題」。区長公選制復活は 1975	12.　立川市水道給水開始	
1953 (昭和28)			3.　水道応急拡張事業完成	
1954 (昭和29)			この年武蔵野市、昭島市、町田市、福生市給水開始	
1955 (昭和30)	4.　住宅建設十箇年計画策定 7.　日本住宅公団発足 12.　経済自立五カ年計画策定 10.13　社会党統一 11.15　自由民主党結成	4.27　都知事選安井誠一郎三選 4.　都営・市町村営住宅の大量建設に着手	2.　東京都・神奈川県・川崎市の間で相模川分水協定改定調印 この年小金井町水道給水開始	
1956 (昭和31)	4.16　日本道路公団設立 4.20　都市公園法公布 4.26　首都圏整備法公布 6.　工業用水法 7.　首都圏整備計画策定 12.23　石橋湛山内閣成立	9.　町村合併法廃止年で、5市79 町村が 8 市 39 町に合併	11.　首都圏整備計画による住宅建設十箇年計画決定 この年檜原村簡易水道給水開始	
1957 (昭和32)	1.18　閣議において水道行政の所管決定（水道行政の三分割） 2.25　岸信介内閣成立 3.31　特定多目的ダム法公布 4.　住宅建設五箇年計画策定 6.15　水道法公布 9. 6　厚生省「水道整備 10 箇年計画」策定 12.　新長期計画策定		4.　相模川系水道拡張事業認可 11.　小河内ダム竣工	

下水道	河川	災害、その他
7.10 東京特別都市計画下水道が決定告示。（下水道計画一元化）		8.3 熱帯低気圧で多摩川決壊
	6.26 森林法公布	
3.1 首都建設委員会、首都建設緊急五カ年計画策定、下水道事業を重点政策に		
8.1 地方公営企業法公布、都下水道事業に全面適用、下水道事業会計に独立採算制採用		
11.1 水道局下水課から水道局下水部に改組		
10.27 全国下水道促進会議、下水道国策樹立の要望書を政府関係各機関に提出決定		9.19 台風14号により多摩川出水
11. 特別都市計画法が前年廃止により、東京特別都市計画下水道は、東京都市計画下水道に名称変更	2. 経済企画庁あっせんの下、東京都・群馬県・東京電力の間で「矢木沢ダム建設共同調査委員会」設立	
町屋ポンプ場の運転開始		
都市計画税創設により、一般会計繰入金が増加。拡張事業が楽になる		
首都圏整備法に基づく「下水道拡張10カ年計画」を策定	5.10 利根川特定地域総合開発計画閣議決定	

203

	中央	東京の制度	上水道	
1958 （昭和33）	4.24　新下水道法公布 4.25　工業用水道事業法公布 4.28　首都圏の近郊整備地帯及び都市開発区域の整備に関する法律公布 6.12　第二次岸信介内閣成立 7.　　首都圏整備委員会が第一次首都圏基本計画策定（グリーンベルト設定） 12.　　水質保全法、工場排水規制法		4. 1　東京都給水条例全部改正公布 この年府中市、国分寺町水道給水開始	
1959 （昭和34）	3.17　首都圏の既成市街地における工業等の制限に関する法律公布 3.20　工場立地の調査等に関する法律公布	4.23　東京都知事選挙で東龍太郎当選	この年国立町、三鷹市、清瀬町、東村山町、調布市、小平町、五日市町水道、給水開始	
1960 （昭和35）	7. 1　自治省発足 7.19　池田勇人内閣成立 9.　　厚生省「水道整備10箇年計画」作成 9.29　初の工業立地白書「わが国工業立地の現状」発表 10.　　下水道整備十箇年計画策定 12. 8　第二次池田勇人内閣成立 12.27　国民所得倍増計画を閣議決定	7.　　東京都住宅局設置 8.23　東京都住宅公社設立（旧東京都住宅協会）	8.　　東村山浄水場（第二水道拡張事業）、一部通水（15万立米／日） この年日野町水道、給水開始	
1961 （昭和36）	3.　　新住宅建設五箇年計画策定 6.26　通産省が工業適正配置構想発表，工業の地方分散化，所得の地域格差の解消を目標 8.　　建設大臣が住宅対策審議会に対し，住宅開発の積極的推進を図るための措置を諮問 11.13　水資源開発促進法、水資源開発公団法の水資源二法制定		8.　　東村山浄水場（第二水道拡張事業）、二次通水（13万立米／日） 11.　　武蔵野、三鷹など北多摩六市町と都の水道関係者による「多摩の水資源対策座談会」開催 ※この年、数十年ぶりの猛暑で多摩地区各市の深井戸の水位低下。水源問題が表面化する この年羽村町水道、給水開始	

下水道	河川	災害、その他
		5.16　テレビ受信者数 100 万突破
		8.　　多摩平・晴海高層アパート入居開始.　ステンレス流し台採用
		9.　　狩野川台風
12.　　東京都下水道条例	4.　　矢木沢・下久保ダム建設全体計画発表、多目的ダムとして建設省直轄で工事着手	10.　　大和ハウスがプレハブ住宅第一号「ミゼットハウス」発売
12. 1　都水道局下水道本部発足		
東京オリンピック準備事業として下水道拡張 10 カ年計画を拡大改定		
3.28　東京都都市計画河川・下水道調査特別委員会設置		
1.24　東京都下水道整備計画策定		
10.26　公共事業の施行に伴う代替地の売却に関する条例公布		
10.　　東京都都市計画河川・下水道調査特別委員会「36 答申」発表、桃園川等 14 河川の下水道幹線化（暗渠化）、暗渠上部の公共利用などを提言		

		中央		東京の制度		上水道
1962 (昭和37)	4.	宅地制度審議会設置	2. 1	東京都宅地開発公社設置 （旧東京都住宅普及協会）． 東京都の常住人口1千万 人突破	1.	武蔵野、三鷹、小金井、立 川4市長連名で北多摩各 市長に「水資源対策打ち合 わせ会」の開催を呼びかけ る
	5. 1	水資源開発公団設立			1.	武蔵野市役所で「水資源対 策打ち合わせ会」開催．北 多摩水資源対策促進協議会 の設置を決議
	5. 1	工業用水法公布				
	5.10	新産業都市建設促進法公布			3.	北多摩水資源対策促進協議 会設立．会長に荒井源吉武 蔵野市長就任
	5.	住宅対策審議会答申				
	6.	建設大臣が宅地制度審議会 に対し収用権について諮問			6.	北多摩水資源対策促進協議 会、都議会都知事に水資源 対策について請願
	9.	厚生省「水道整備緊急5 箇年計画」策定				この年瑞穂町、多摩町、久留米町 水道、給水開始 異常渇水
	10. 5	全国総合開発計画閣議決定				
1963 (昭和38)	7.12	新産業都市13ヶ所，工業 整備特別地域6ヶ所決定	4.23	都知事選東龍太郎再選	4.	利根川水道建設事務所新設
	7.11	新住宅市街地開発法公布	12.10	多摩地区開発計画案まとま る	7.	朝霞浄水場（第一次利根川 拡張事業）着工
	12. 9	第三次池田勇人内閣成立			8.12	東京都水洗便所助成規定制 定
					9.	三多摩給水対策連絡協議会 設置．会長に鈴木俊一副知 事就任
					10.	東京都工業用水道条例公布
					11.	第一次利根川系水道拡張事 業計画認可
1964 (昭和39)	7.23	厚生省「東京都水道対策連 絡会議」開催			2.	第二次利根川水道拡張事業 計画を一部変更し、多摩地 区各市町への分水を決定
	7.29	新河川法公布			8. 7	水問題で臨時都議会開催． 「飲料水確保に関する決議」 「水不足解消に関する意見 書」可決、渇水対策実行委 員会設置
	11. 9	佐藤栄作内閣成立				
					8.	多摩川系渇水のため時間給 水．荒川暫定取水実現
					10.	利根川水道建設本部発足
						この年狛江町水道、給水開始

	下水道		河川	災害、その他
3.31	東京都市計画下水道の事業変更、整備拡充事業を都市計画に包含	4.	利根川水系を水資源開発促進法に基づく水資源開発水系に指定	異常渇水
3.	都都市郊外対策審議会、隅田川流域下水道の重点整備答申	8.17	「利根川水系における水資源開発基本計画」(第一次フルプラン) 決定	
4. 1	都下水道局発足	10.	矢木沢・下久保ダム建設事業が建設省から水資源開発公団に移管	
4.	小台処理場運転開始			
7.	東京都下水道事業計画作成			
11.	建設省、下水道緊急整備3カ年計画策定			
7.	建設省下水道緊急整備5カ年計画改定			異常渇水
7.	千住ポンプ場運転開始			
10.10	都工業用水条例公布			
2.	区部100%計画のすべてにわたる都市計画決定が終了	2.	「利根川水系における水資源基本計画」の一部変更 (水需要計画の決定).この変更で、東京都へは23区分として10.7立米/秒、三多摩分水分として6.5立米/秒の原水を配分	異常渇水
3.	落合処理場運転開始			10.10 東京オリンピック開催
8.	三河島処理場で水道局南千住浄水場に工業用の原水として処理水供給	7.10	新河川法公布	11.15 千里ニュータウン事業開始
				12.21 電力白書,需給不安解消発表

	中央	東京の制度	上水道
1965 (昭和40)	1. 第一次下水道整備五カ年計画閣議決定 6.10 地方住宅供給公社法公布 6. 首都圏整備法改正（グリーンベルト棚上げ）	2. 住宅局計画部計画課にニュータウン担当係設置 7. 住宅局開発部（組織改正により計画部から移行）に新住宅市街地開発課設置	3. 淀橋浄水場廃止 6. 第二次利根川系水道拡張事業計画認可 7. 東村山浄水場96.5万立米／日に増強 12. 東村山浄水場から東村山市へ分水開始。（多摩地区で初めての分水） この年村山町、秋多町（現秋川市）水道、給水開始
1966 (昭和41)	7. 住宅建設五箇年計画閣議決定 8.30 公害審議会水道部会「水道の広域化方策と水道の経営特に経営方式に関する答申」を提出	4. 多摩建設事務所新設	2. 水道料金改定（口径別料金に移行、35.4%） 2. 都、多摩各市町への分水料金を一立米当たり22円を提示。北多摩水資源対策促進協議会や東京都市長会が反発 7. 都、多摩各市町への分水料金一立米当たり19円に決定 8. 武蔵野市へ分水 10. 朝霞浄水場通水（60万立米／日） この年稲城町水道、給水開始
1967 (昭和42)	2.17 第二次佐藤栄作内閣成立 6. 1 「宅地開発又は住宅建設に関連する利便施設の建設及び公共施設の整備に関する了解事項」（五省協定） 8. 公害対策基本法施行	4.15 都知事選美濃部亮吉当選	7. 国分寺市へ通水 8. 北多摩水資源対策促進協議会、都知事に分水料金の格差是正に関する要望書を提出
1968 (昭和43)	5.26 自民党が「都市政策大綱（中間報告）」を発表 6.10 大気汚染防止法・騒音規制防止法公布 6.15 都市計画法公布 10. 首都圏整備委員会が第二次首都圏基本計画策定 ※この年、水道広域化に対する補助制度開始	4. 9 東京問題調査会発足 12. 2 「東京都中期計画」を発表、シビルミニマムを設定	3. 北多摩水資源対策促進協議会、都知事に分水料金に関する要望書提出 6. 国立市・調布市へ分水 7. 小平市・三鷹市・府中市へ分水 8. 町田市へ分水 8. 町田線通水、稲城第一増圧ポンプ場稼働 9. 多摩給水管理事務所の設置 12. 水道料金改定、36.6%

	下水道	河川	災害、その他
		3.　武蔵水路完成	5.27 台風6号による多摩川堤防決壊
			6.30 神代団地第三住宅に初めてバランス型風呂釜を設置
	4.　浮間処理場・志村ポンプ所の運転開始、森ヶ崎処理場で雨水排除を開始	東京都中小河川緊急整備5カ年計画実施	6.28 台風4号の豪雨により二ヶ領用水、矢上川、平瀬川等が溢水、堤防決壊
	4.　森ヶ崎処理場運転開始	8.　矢木沢ダム完成	
	7.　東雲ポンプ場運転開始		
	5.　平和島ポンプ所運転開始	11.　下久保ダム完成	
	6.　多摩川流域下水道建設事業を都が行うことを決定		

	中央	東京の制度	上水道	
1969 （昭和44）	2. 第二次下水道整備五カ年計画閣議決定 5.26 東名高速道路開通 5.30 新全国総合開発計画閣議決定 6.3 都市再開発法公布 10.3 通産省産業構造審議会に住宅産業部会・海洋開発部会設置		1. 東京都市長会、三多摩市町村水道問題協議会の設置を決定 3. 狛江浄水場廃止 3. 第一次利根川系拡張事業終了 3. 北多摩水資源対策促進協議会、都知事に分水料金是正に関する要望書を提出 4. 五日市町水道、給水開始 5. 朝霞浄水場90万立米／日に増強 7. 三多摩市町村水道問題協議会設立. 会長に植竹圀次八王子市長就任 7. 田無市・東久留米市へ分水 9. 三多摩地区給水連絡協議会設置 9. 三多摩市町村水道問題協議会「三多摩市町村水道事業の格差是正等に関する陳情書」と同請願書を都に提出 12. 多摩市へ分水	
1970 （昭和45）	1.14 第三次佐藤栄作内閣成立 9.16 通産省産業構造審議会住宅産業部会は「住宅産業および住宅産業政策のあり方」答申 12. 公害国会		1.15 東京都水道事業調査会「東京都三多摩地区と23特別区との水道事業における格差是正に関する助言」提出 3.27 第三次利根川系水道拡張事業認可 4. 狛江市へ分水 5. 北多摩水資源対策促進協議会解散 6. 北多摩水道連絡協議会発足 6. 立川、秋川、東大和、武蔵村山、瑞穂町へ分水 6. 小作浄水場通水、14万立米／日） 7. 都水道局内に一元化担当の多摩水道対策本部を設置 7. 清瀬、保谷市へ分水 9. 玉川浄水場取水停止	

下水道	河川	災害、その他
		5.13 千葉ニュータウン事業開始
12.25 水質汚濁防止法公布、廃棄物処理法及び清掃に関する法律公布。下水道法一部改正	7. 利根川水系水資源開発基本計画(第二次フルプラン)決定	

	中央	東京の制度	上水道	
1971 (昭和46)	3. 第二期住宅建設五箇年計画閣議決定 7.1 環境庁発足 8. 第三次下水道整備五カ年計画閣議決定 8.16 ドルショック 8.18 為替変動相場制移行決定	3.11 住宅白書「東京の住宅問題」発表 3.13 「広場と青空の東京構想(試案)」発表 4.11 都知事選美濃部亮吉再選	1. 多摩ニュータウンへ分水 3. 福生市へ分水 4. 多摩ニュータウン水道事務所設置 4. 朝霞浄水場170万立米／日に増強 6. 八王子線通水 7. 八王子、日野市へ分水 11. 「多摩水道施設拡充事業」策定 12. 「多摩地区水道事業の都営一元化計画」と「同実施計画」の試案発表 この年、日の出村水道、給水開始	
1972 (昭和47)	6.11 『日本列島改造論』刊 6.16 工業再配置促進法公布 7.7 田中角栄内閣成立 8.9 通産省，新産業立地構想を策定（工業再配置へ新税等） 8.10 産業構造審議会第一回住宅・都市産業部会開催 10.20 工業再配置促進法に基づく地域指定決定 12.25 産業構造審議会住宅・都市産業部会「住宅産業及び関連する都市産業の発展の方向と必要な施策」答申 12.22 第二次田中角栄内閣成立	5.19 多摩連環都市基本計画発表	1. 都営一元化について多摩地区市町村との総括協議の開始 2. 総括協議完了の確認 3.31 第四次利根川系水道拡張事業計画認可 5. 羽村町へ分水 6. 制限給水実施、最大15% 10. 都市長会、自治労代表と一元化について懇談会	
1973 (昭和48)	10.16 OPEC原油価格70%上げ 10.30 厚生省生活環境審議会が「水道の未来像とそのアプローチ方策に関する答申」提出。（広域水道圏の設定を含む）		1. 「水道需要を抑制する施策」発表 5. 最終的な都営一元化の基本計画と実施計画を発表 8. 制限給水実施、最大10% 9. 自治労本部、一元化に同意 11. 「都営住宅建設に関連する地域開発要綱」制定	

下水道	河川	災害、その他
3. 南多摩処理場の運転開始	5. 利根川河口堰完成	
5.29 下水道事業センター法制定		
12. 東京地域公害防止計画		
12. 中川処理場、荒川右岸東京流域下水道を計画決定		
6. 北多摩一号処理場運転開始	10. 水源地域対策特別措置法施行	

	中央		東京の制度		上水道	
1974 (昭和 49)	6.25 6.26 8. 1 12. 9	国土利用計画法公布 国土庁発足 地域振興整備公団発足 三木武夫内閣成立	9. 12. 6	美濃部都知事、群馬県神田知事を訪ね、水資源開発促進を要請 知事「財政戦争」宣言	6. 10.	東村山浄水場 126.5 万立米／日に増強 都営一元化基本計画の変更（28 市町→ 30 市町）
1975 (昭和 50)	2.21 9. 1	日本下水道事業団法閣議決定 宅地開発公団設立	4.13	都知事選美濃部亮吉三選	6. 9.	三園浄水場完成 水道料金改定、159.57%
1976 (昭和 51)	3. 5. 8. 11.12 12.24	第三期住宅建設五箇年計画閣議決定 下水道法改正 第四次下水道整備五カ年計画閣議決定 国土庁，第三次首都圏基本計画策定 福田赳夫内閣成立			7.	小作浄水場 28 万立米／日に増強
1977 (昭和 52)	3.18 6. 11. 4	国土庁，第二次新産業都市建設基本計画，第二次工業整備特別地域整備基本計画策定 水道法改正，広域的水道整備計画が盛り込まれる 第三次全国総合開発計画閣議決定				
1978 (昭和 53)	8. 1 12. 7	国土庁、「長期水需給計画」策定 大平正芳内閣成立	2.13	自治省に財政健全化計画提出（職員定数削減等），赤字団体回避	8. 12.	制限給水実施、最大 10% 水道料金改定、37.14%
1979 (昭和 54)	11. 9	第二次大平正芳内閣成立	4. 8	都知事選鈴木俊一当選	7.	制限給水実施、最大 10%
1980 (昭和 55)	7.17	鈴木善幸内閣成立				

下水道	河川	災害、その他
7. 流域下水道本部設置 9. 新河岸処理場の運転開始		9.1-3 台風16号による出水のため狛江の堤防決壊。（多摩川水害）
7. 本田ポンプ場運転開始		
7. 東小松川ポンプ所、西小松川ポンプ所運転開始	4. 利根川水系及び荒川水系における水資源開発基本計画（第三次フルプラン）決定 10. 河川審議会計画部会において、総合治水対策小委員会を設置 11. 草木ダム完成 12. （財）利根川荒川水源地域対策基金設立	
5. 梅田ポンプ所運転開始 6. 小菅ポンプ所運転開始	6. 「総合的な治水対策の推進方策についての中間答申」	
4. 多摩川上流処理場の運転開始		
	3. 利根川、荒川第三次フルプラン一部変更	

215

	中央	東京の制度	上水道	
1981 (昭和56)	3. 第四期住宅建設五箇年計画閣議決定		10. 朝霞水路改築事業竣工	
	6. 8 通産省, 高度技術工業集積都市（テクノポリス）建設候補地に函館等16地点決定		11. 水道料金改定（46.83%）	
	11. 第五次下水道整備五カ年計画閣議決定			
	12.25 国土庁, 第三次新産業都市建設基本計画, 第三次工業整備特別地域整備基本計画策定			
1982 (昭和57)	7.12 通産省産業構造審議会住宅・都市産業部会, 住宅産業活性化に向けての中間答申まとめる		4. 第七次統合（立川市）	
	11.27 中曽根康弘内閣成立			
1983 (昭和58)	5.16 高度技術工業集積地域開発促進法（いわゆるテクノポリス法）公布	4.10 都知事選鈴木俊一再選		
	12.26 第二次中曽根康弘内閣成立			
1984 (昭和59)	3.26 厚生省生活環境審議会が「高普及時代を迎えた水道行政の今後の方策について」答申。（経営基盤の強化と維持管理体制の充実、おいしい水の導入）			
1985 (昭和60)	3. 5 新住宅市街地開発法施工令改正（公募によらず民間事業者が造成宅地を譲受できるようにする）		6. 利根川水道建設本部廃止	
	5.27 国土庁「首都改造計画」を決定し, 立川, 八王子, 青梅市を中心とした多摩自立都市圏構想を打ち出す			

	下水道		河川	災害、その他
9.	葛西処理場運転開始			
11.	清瀬処理場運転開始			
		3.	利根川、荒川第三次フルプラン一部変更	
4.	中川処理場運転開始			
4.	篠崎ポンプ場運転開始			
6.	新小岩ポンプ場運転開始			

	中央	東京の制度	上水道	
1986 （昭和61）	3. 第五期住宅建設五箇年計画 閣議決定			
	5.16 新住宅市街地開発法改正 （特定業務施設の立地を可 能にする）			
	6. 5 国土庁，第四次首都圏基本 計画策定			
	7.22 第三次中曽根康弘内閣成立			
	10.29 国土庁、全国総合水資源計 画発表			
	12. 4 国土庁，第四次新産業都市 建設基本計画，第四次工業 整備特別地域整備基本計画 策定			
1987 （昭和62）	6.30 第四次全国開発総合計画閣 議決定	4.12 都知事選鈴木俊一三選		
	11. 6 竹下登内閣成立			
1988 （昭和63）				
1989 （昭和64・ 平成元）	6. 2 宇野宗佑内閣成立			
	8. 9 海部俊樹内閣成立			
1990 （平成2）	2.28 第二次海部俊樹内閣成立	11. 第三次東京都長期計画策定		
1991 （平成3）	1.25 総合土地政策推進要綱を閣 議決定	4. 7 都知事選鈴木俊一四選		
	3. 第六期住宅建設五箇年計画 閣議決定			
	11. 5 宮澤喜一内閣成立			
	12.18 国土庁，第四次新産業都市 建設基本計画，第四次工業 整備特別地域整備基本計画 策定			
1992 （平成4）	1.31 大店法施行			
	3.26 国土庁地価公示17年ぶり 下落			
1993 （平成5）	8. 9 細川護煕内閣成立			
	11.19 環境基本法公布			

下水道		河川		災害、その他
4.	後楽ポンプ所運転開始			
10.	小松川ポンプ所運転開始			
		2.	利根川水系及び荒川水系における水資源開発基本計画（第四次フルプラン）決定	
4.	北多摩二号処理場運転開始	1.	利根川、荒川第四次フルプラン一部変更	
6.	浜町第二ポンプ所、吾嬬第二ポンプ所運転開始			
		3.	渡瀬貯水池完成	
		6.	奈良俣ダム完成	
11.	浅川処理場、八王子処理場運転開始			
4.	東金町ポンプ場運転開始			
6.	桜橋第二ポンプ所運転開始			
12.	熊ノ木ポンプ所運転開始			

	中央	東京の制度	上水道	
1994 （平成6）	4.28 羽田孜内閣成立 6.30 村山富市内閣成立			
1995 （平成7）		4. 9 都知事選青島幸男当選		
1996 （平成8）	1.11 橋本龍太郎内閣成立 3. 第七期住宅建設五箇年計画 閣議決定 11. 7 第二次橋本龍太郎内閣成立	3. 東京都行政改革大綱策定		
1997 （平成9）	2.10 新総合土地政策推進要綱を 閣議決定		5. 「東京水道新世紀構想」策 定	
1998 （平成10）	3.31 第五次全国総合開発計画閣 議決定 6. 3 中心市街地活性化法公布 7.30 小渕恵三内閣成立	4. 「多摩の『心』育成・整備 計画」策定 12. 東京都行政改革プラン策定		
1999 （平成11）	3.26 第五次首都圏基本計画策定	4.11 都知事選石原慎太郎当選 11. 危機突破戦略プラン策定		
2000 （平成12）	4. 5 森喜朗内閣成立 7. 4 第二次森喜朗内閣成立			
2001 （平成13）	1. 6 省庁再編．運輸省，建設省， 国土庁，北海道開発庁が統 合し，国土交通省が発足 3. 第八期住宅建設五箇年計画 閣議決定 4.26 小泉純一郎内閣成立 7. 4 水道法改正．（第三者委 託・経営の一体化による事 業統合の手続き簡素化）			
2002 （平成14）				
2003 （平成15）	7.16 地方独立行政法人法制定 9. 2 地方自治法改正．指定管理 者制度導入 11.19 第二次小泉純一郎内閣成立	4.13 都知事選石原慎太郎再選	6. 「多摩地区水道経営改善基 本計画」策定 7. 「今後の水道料金制度のあ り方について」	

下水道	河川	災害、その他
6. 稲城ポンプ所運転開始		
3. 落合処理場の処理水を利用して、渋谷川、目黒川、呑川の清流復活	11. 水源地域整備計画閣議決定	1.17 阪神淡路大震災
7. 中野処理場の運転開始		
9. 有明処理場完成		
	9.11 東海豪雨	
4. 新河岸東処理場運転開始		

	中央		東京の制度	上水道	
2004 (平成 16)	6. 1	厚生労働省「水道ビジョン」策定			
2005 (平成 17)	9.21 10.	第三次小泉純一郎内閣成立 日本道路公団民営化			
2006 (平成 18)	9.26	安倍晋三内閣成立		11.　「東京水道長期構想」策定 12.22 「10年後の東京」計画策定	
2007 (平成 19)	9.26	福田康夫内閣成立			
2008 (平成 20)	9.24	麻生太郎内閣成立			
2009 (平成 21)	9.16	鳩山由紀夫内閣成立			
2010 (平成 22)	6. 8	菅直人内閣成立			
2011 (平成 23)	9. 2	野田佳彦内閣成立			
2012 (平成 24)	12.26	安倍晋三内閣成立	12.18　都知事選猪瀬直樹当選		
2013 (平成 25)					
2014 (平成 26)	3.	水循環基本法成立	2.11　都知事選舛添要一当選		

参考文献

多摩川誌編集委員会『多摩川誌／別巻　年表』財団法人河川環境管理財団、1986

東京都下水道局『下水道東京 100 年史』1989

東京都水道局『東京近代水道百年史　年表』1999

日本水道協会『日本水道史』1967

藤野敦『東京都の誕生』吉川弘文館、2002

松浦茂樹『戦前の国土整備政策』日本経済評論社、2000

下水道	河川	災害、その他
4. みやぎ水再生センター東系処理施設運転開始		
4. 神谷ポンプ所運転開始		
4. 東品川ポンプ所運転開始		
3. 和田ポンプ所運転開始		
	7. 利根川水系及び荒川水系における水資源開発基本計画（第五次フルプラン）決定	
3. 晴海ポンプ所完成		3.11 東日本大震災
4. 勝島ポンプ所一部運転開始		
3. 野川下流部雨水貯留地完成		

あ と が き

　福岡県柳川市には市内を縦横に巡る水路網（クリーク：水路と共に貯留池の役割も果たす）がある。矢部川から支流が流れこんで城下町の水路網、掘割を船で巡る川下りは、柳川の観光資源となっている。この掘割には、1960年代〜70年代に汚水が流れ込み、ゴミが浮かび、行政と市民は一時この水路を埋め立てて、下水にしようとした。東京で起きたことは、全国の小都市でも起きたことだった。

　この時、柳川にとって水路は都市の命であるとして、掘割埋立に反対し、その再生に邁進したのが当時市役所職員であった広松伝（1937-2002）である。

　広松は臭う掘割を柳川の宝と説き、この水路が埋め立てられたら「柳川が沈む」と、暗渠化されるのを防いだ。広松には、柳川の複雑な水循環システムが見えていたのだろう。当初は住民も掘割が無くなるのはしようがないと考えていたが、掘割は残り、現在は水郷として住民の共有資源として守られ、一種の持続的コンパクトシティとも解釈できる形で残っている。

　結局柳川市では市民の協力により掘割が維持された。

　この動きに刺激を受け、柳川における都市の水利秩序やそれを守る人々の歴史を「実写映画」で描いたのが宮崎駿と高畑勲の『柳川掘割物語』（1987）である。丁度『風の谷のナウシカ』が大ヒットした後の作品で、その後の『平成たぬき合戦ぽんぽこ』『千と千尋の神隠し』といったスタジオジブリ関連作品の中で、唯一の実写ドキュメンタリー映画である。

　現在でも、柳川を訪れると暮らしてきた人々が水をいかに利用し守ってきたかという、水に関する知恵について教えられる。潮汐差6mの有明海を前に、掘割を出入りする水の流れを緩やかにする「もたせ」や、水門開閉のコミュニティルール、かつてあった矢部川を挟んだ回水路に象徴される水利紛争等々、都市にあっては見られなくなった文化・歴史を現在でも感じることができる。

その後、宮崎・高畑のコンビは、東京多摩地域の風土を感じながら、自然と開発の関係を考え続けた。そして、自らの作品で社会に影響を与えた。この方法を、私は大事にしたいと思っている。いま足りないのは、都市と自然を総合する国土政策だが、人口増加期の国土政策プランナー達はいたが、人口減少期のプランナー達は細分化されている。

　そのような事を今にして考えるきっかけとなったのが、私が水文化研究に出会った1998年（平成10）だった。以後、多くの研究者や現場の方々と出会い、「水文化」という括りで原稿を書いてきた。しかし、実際には「水を語る」のではなく「水で語る」、即ち、水を媒介として上下水道システムや温泉文化、コモンズ、消防や都市公園の文化、舟運史、海外都市などを語ることを選んできた。つまり、水管理システムの中で生まれる制度や、そこから派生する社会像を全体的に描いてきたのが私の目指した仕事だった。そのような観点から水を捉えたためか、水と自然・人工システムがからみ合う課題だらけの世界はますます広がるばかりである。

　一方、多摩大学経営情報学部では地域政策研究の一環で全国の地域活性化の現場取材を行ってきた。都市と国土の長期的な変貌も目につくようになり、そこから、現代の水開発とのつながりも見えるようになってきた。

　これまでの都市開発と水の常識的な見方を再解釈（リフレーミング）しないと、前に進めない。その思いから、政策史の解釈学的アプローチを行ったのが本書である。

　都市と水の制度システムについて、今後を構成する新たな見方を提供できれば幸いである。

　最後に、水と関わってきたこの22年間、お世話になった方々に感謝したい。ミツカン水の文化センターのみなさん、建築史家の陣内秀信先生、社会学・民俗学の鳥越皓之先生、環境社会学の嘉田由紀子先生、水文学の沖大幹先生、水文献の書誌家である古賀邦雄先生、他にも民俗学の神崎宣武先生、都市史家の鈴木理生先生、道具学・生活学の山口昌伴先生、水政治学の遠藤崇浩先生、記憶を辿ると次々と顔が浮かんでくる。取材や意見交換の中でお会いした全ての方に御礼申しあげたい。

　そして、最後に本書を書くチャンスと時間を与えていただいた多摩大学と教員のみなさん、常日頃私を支えてくれた妻、私のゼミナール（地域政策・観光まちづくり研究室）学生諸君に感謝したい。

参考文献

有沢広巳監修『日本産業史 1』日本経済新聞社、1994

荒川下流誌編纂委員会『荒川下流誌　本編／資料編』財団法人リバーフロント整備センター、2005

石田頼房『日本近現代都市計画の展開』自治体研究社、2004

伊藤好一『江戸上水道の歴史』吉川弘文館、1996

稲葉紀久雄、坂本弘道『現代上下水道の人物 50 傑』水道産業新聞社、2018

今村都南雄「都制度下の多摩市町村」『中央大学社会科学研究所研究報告第 4 号多摩地域の総合研究（1）』中央大学社会科学研究所、1985、pp.233-263

上野淳子「規制緩和にともなう都市再開発の動向 ── 東京都区部における社会 ── 空間的分極化 ──」『日本都市社会学年報 26』2008、pp.101-115

大田区市編さん委員会『大田区市　下巻』東京都大田区、1996

大西正幸『電気洗濯機の技術史』技報堂出版、2019

尾田他「建設行政の回顧と展望 ── 河川行政の 50 年を振り返る」『河川』1998 年 6 月号、日本河川協会、1998

小野芳朗『＜清潔＞の近代』講談社、1997

小野基樹『水到渠成』新公論社、1973

河川行政に関するオーラルヒストリー実行委員会『河川オーラルヒストリー　三本木健治』日本河川協会、2010

河川行政に関するオーラルヒストリー実行委員会『河川オーラルヒストリー　吉川秀夫（上・下）』日本河川協会、2004

河川行政に関するオーラルヒストリー実行委員会『河川オーラルヒストリー　渡邊隆二』日本河川協会、2003

神奈川県『相模川河水統制事業史』1952

川崎市水道局『川崎市水道六十五年史』1987

川崎市水道局『川崎市水道史』1966

神吉和夫「わが国の都市水利施設に関する土木史研究」2001

キングダン, ジョン『アジェンダ・選択肢・公共政策』勁草書房、2017

菊池大次他「総合治水対策はいかにあるべきか」『河川』1977 年 1 月号、日本河川協会、1977

銀座通り改修工事誌編集部会『銀座通り改修工事誌』建設省関東地方建設局東京国道工事事務所、1991

久保田鉄工『久保田鉄工八十年のあゆみ』1970

建設省河川局河川計画課「総合治水対策について」『河川』1977 年 7 月号、日本河川協会、
　　pp.24-29

建設省河川局河川計画課「総合治水対策小委員会の設置」『河川』1977 年 2 月号、日本河川
　　協会、pp.27-30

厚生省公衆衛生局『検疫制度百年史』1980

厚生省五十年史編纂委員会『厚生省五十年史記述編』1988

江東区役所『江東区市』1957

国土交通省水管理・国土保全局治水課「流域治水の今後の展開」『河川』2018 年 3 月号、日本
　　河川協会、2018

国分正也『私の水道小史』1979

越澤明『東京都市計画物語』筑摩書房、2001

小林重一『東京サバクに雨が降る』1977

近藤康史「比較政治学における『アイディアの政治』 —— 政治変化と構成主義」『年報政治学
　　2006 － Ⅱ』日本政治学会、2007、pp.36-59

佐藤志郎『東京の水道』都政通信社、1960

嶋田暁文「多摩地域における水道事業 —— 都営一元化をめぐる軌跡と現状 —— 」『中央大学社会
　　科学研究所研究報告 22』2003、pp.119-143

首都高速道路公団『首都高速道路公団二十年史』1979

新沢嘉芽統『河川水利調整論』岩波書店、1962

水利権実務研究会『水利権実務一問一答』大成出版社、2005

鈴木俊一『官を生きる —— 鈴木俊一回顧録』都市出版、1999

鈴木俊一『回想・地方自治五十年』ぎょうせい、1997

鈴木淳『町火消たちの近代 —— 東京の消防史』吉川弘文館、1999

鈴木理生『図説　江戸・東京の川と水辺の事典』柏書房、2003

鈴木理生『家主さんの大誤算』三省堂、1992

鈴木理生『江戸の川・東京の川』井上書院、1989

園田敏宏「河川流域における統合的水資源管理ガイドライン」『河川 750』2009、pp.68-72

大霞会『内務省史　第 1 － 4 巻』原書房、1980

高橋裕『国土の変貌と水害』岩波書店、1971

高橋裕・藤井肇男『近代日本土木人物事典』鹿島出版会、2013

田原光泰『「春の小川」はなぜ消えたか～渋谷川にみる都市河川の歴史～』之潮、2011

立川市水道部『立川市水道史』立川市、1985

玉城哲「首都圏における農業用水」、蝋山政道・一瀬智司『首都圏の水資源開発』東京大学出版会、1968、第 3 章

多摩広域行政史編纂委員会『多摩広域行政史 —— 連携と合併の系譜 ——』財団法人東京市町村自治調査会、2002

田山花袋『東京の三十年』岩波書店、1981

調布市水道部『調布市水道三十年史』1990

テクノバ災害研究プロジェクト『近代日本の災害』1993

東京都企画審議室行財政システム改革担当『東京都行政改革大綱』1996

東京都下水道局『下水道東京 100 年史』1989

東京都下水道問題担当専門委員会『東京都と下水道』東京都下水道局経営管理室、1973

東京都公文書館『都市紀要 31 東京の水売り』東京都情報連絡室情報公開部都民情報課、1984

東京都水道局『東京近代水道百年史　通史・部門史・資料・年表』1999

東京都水道局『東京都水道第一次、第二次、第三次利根川系拡張事業誌』1993

東京都水道局『東京都第二水道拡張事業誌　後編』1984

東京都水道局『東京都第二水道拡張事業誌　前編』1960

東京都水道局『淀橋浄水場史』1966

東京都水道局『東京都水道史』1952

東京都水道局経営計画部計画課『東京水道新世紀構想 —— STEP21 ——』1997

東京都水道局多摩水道対策本部『多摩地区都営水道 20 年のあゆみ』1994

東京都水道事業再建調査専門委員会『東京都水道事業再建調査専門委員会第一次助言』1968

東京都水道事業調査専門委員会『東京都三多摩地区と 23 特別区部との水道事業における格差是正措置に関する助言』1970

東京都土木技術支援・人材育成センター『平成 30 年地盤沈下調査報告書』2019 富岡秀顕「利根川における効果的な広域低水管理」『河川 711』2005、pp.49-55

中島工學博士記念事業會『中島工學博士記念日本水道史』1927

中庭光彦「多摩ニュータウンに見る東京都住宅政策の変容過程」、細野助博・中庭光彦『オーラル・ヒストリー多摩ニュータウン』中央大学出版部、2010、pp.39-56

中村晋一郎・沖大幹「36 答申における都市河川廃止までの経緯とその思想」『水工学論文集』第 53 巻、2009 年 2 月

長與専斎「松香私志」(小川鼎・酒井シヅ校注『松本順自伝・長与専斎自伝』平凡社、1980 所収)

日本河川開発調査会『多摩川の水利開発史と水利開発に関する研究』、1984

社団法人日本下水道協会『日本下水道史総集編・事業編上・事業編下・技術編』1988

NPO日本下水文化研究会屎尿研究分科会編『トイレ考・屎尿考』技報堂出版、2003

社団法人日本水道協会『水道統計　平成20年度』2010

社団法人日本水道協会『日本水道史』1967

日本橋消防署百年史編集委員会『日本橋消防署百年史』日本橋消防署、1981

ノース,ダグラス.C『制度・制度変化・経済成果』晃洋書房、1994

萩原兼脩「総合治水対策の推進」『河川』日本河川協会、1980年6月、pp.13-21

橋本道夫『私史環境行政』朝日新聞社、1988

華山謙・布施徹志『都市と水資源』鹿島出版会、1977

富士川游『日本疾病史』平凡社、1969

藤森照信『明治の東京計画』岩波書店、2004

府中市『武蔵府中叢書第7巻 ── 府中市水道史 ── 』1978

松井春生『日本資源政策』千倉書房、1938

松浦茂樹『戦前の国土整備政策』日本経済評論社、2000

松本洋行「「田園都市」の水道問題」『近代都市の装置と統治』日本経済評論社、2013、pp.245
　　-280

宮崎淳「水循環基本法における基本理念の展開と今後の政策課題」『創価法学44（2）』2014、
　　pp.191-218

安田正鷹『水の経済学』松山房、1942

安田正鷹『水利権・河水統制編』好文館書店、1940

山田正男『東京の都市計画に携わって ── 元東京都首都整備局長・山田正男氏に聞く ── 』
　　財団法人東京都新都市建設公社まちづくり支援センター、2001

山田正男『明日は今日より豊かか』政策時報社、1980

山田正男『時の流れ・都市の流れ』都市研究所、1973

Goldstein,Judith, "Ideas, Interests, and American Trade Policy", Cornell University,1993

索　引

人　名

著　者

中庭 光彦（なかにわ みつひこ）

多摩大学経営情報学部教授
　1962年生まれ。1986年、学習院大学法学部政治学科卒業。2000年、中央大学大学院総合政策研究科修士課程修了、2003年、中央大学大学院総合政策研究科博士課程退学。2011年より多摩大学経営情報学部准教授、2015年より現職。専門は政治学、公共政策論、地域政策論。
　主な著書に
『和の文化を発見する 水とくらす日本のわざ1-3』（汐文社、2019）監修、
『コミュニティ3.0──地域バージョンアップの論理──』（水曜社、2017）単著、
『オーラル・ヒストリー 多摩ニュータウン』（中央大学出版部、2010）共編著、
『市民ベンチャーNPOの底力〜まちを変えた「ぽんぽこ」の挑戦』（水曜社、2004）共著他多数。

東京　都市化と水制度の解釈学
都市と水道における開発・技術・アイディアの政治

著　者：中庭光彦

発行日：2021 年 3 月 30 日　初版第 1 刷

発　行：多摩大学出版会
　　　　代表者　寺島実郎
　　　　〒206-0022
　　　　東京都多摩市聖ヶ丘 4-1-1　多摩大学
　　　　Tel　042-337-1111（大学代表）
　　　　Fax 042-337-7100

発　売：ぶんしん出版
　　　　東京都三鷹市上連雀 1-12-17
　　　　Tel 0422-60-2211　Fax 0422-60-2200

印刷・製本：株式会社 文伸

ISBN 978-4-89390-177-4
ⓒ Mitsuhiko NAKANIWA 2021　Printed in Japan